城乡三类空间划定与管控技术集成

刘星光 编著

中国建筑工业出版社

图书在版编目（CIP）数据

城乡三类空间划定与管控技术集成 / 刘星光编著.
北京 ：中国建筑工业出版社，2024. 9. -- ISBN 978-7
-112-30424-0

Ⅰ. TU98

中国国家版本馆 CIP 数据核字第 2024L9X292 号

责任编辑：吴 绫
文字编辑：孙 硕
责任校对：王 烨

城乡三类空间划定与管控技术集成

刘星光 编著

*

中国建筑工业出版社出版、发行（北京海淀三里河路 9 号）

各地新华书店、建筑书店经销

北京光大印艺文化发展有限公司制版

建工社（河北）印刷有限公司印刷

*

开本：787 毫米×1092 毫米 1/16 印张：6½ 字数：122 千字

2024 年 9 月第一版 2024 年 9 月第一次印刷

定价：**36. 00** 元

ISBN 978-7-112-30424-0

(43771)

编 委 会

编著：刘星光

自序

2019年5月中共中央、国务院印发《关于建立国土空间规划体系并监督实施的若干意见》，提出国土空间规划要"科学有序统筹布局生态、农业、城镇等功能空间，划定生态保护红线、永久基本农田、城镇开发边界等空间管控边界以及各类海域保护线，强化底线约束，为可持续发展预留空间"。其后，围绕三线划定与管控实施，中共中央办公厅、国务院办公厅印发《关于在国土空间规划中统筹划定落实三条控制线的指导意见》，自然资源部也先后印发《市级国土空间总体规划编制指南（试行）》《全国"三区三线"划定规则》《关于做好城镇开发边界管理的通知（试行）》等文件。为落实以上文件的要求，结合国土空间规划的编制工作，三线划定与管控实施的技术研发也陆续展开，本书即是该类研究中较为综合的代表。

《城乡三类空间划定与管控技术集成》以对空间的理解为起点，从哲学与实践的角度解析空间的内涵，并在此基础上构建空间分析的理论框架。依托框架，作者综合考虑各技术原理特征、应用场景、管控规则对相关技术进行集成，并开发对应专利，集成创新特点突出。并且在规划成果编制的过程中，成功对研发技术进行了对比应用，理论与实践结合得很好，是一份较高质量的研究成果。

该书是华蓝设计（集团）有限公司国土空间规划类著作之一，成果的完成离不开公司的大力支持。同时课题依托南宁市青年科技创新创业人才培养一类项目（RC20180110），也是南宁市重要的科研成果。该成果在行业专家的评审中，被认为“思路清晰、资料翔实、重点突出，具有较强的系统性和创新性”，本书的完成得益于课题组的辛勤工作，得益于科研辅助工作人员的通力合作，也得益于同行专家的宝贵意见和建议。虽不免瑕疵，但只要研究人员能不懈坚持攻坚克难，勇于实践，就一定能在我国国土空间规划工作中贡献更大的力量。希望华蓝设计（集团）有限公司在我国国土空间规划事业中能作出更多崭新作为。

前言

改革开放以来，随着我国城镇化进程的加速、生态文明建设的不断推进，发展空间与保护空间的有机协调逐步成为中国式现代化的必然要求。城镇空间、生态空间、农业空间作为人居生态系统的具体承载形式，三者之间的平衡也成为新时期高质量国土空间格局构建的重要目标。瞄准三类空间中城镇开发边界、生态红线、基本农田的划定与管控，开展技术集成研究，既是对当下国土空间规划编制的有效回应，也是对未来国土空间格局动态更新技术的有益探索。

本书遵循“内涵挖掘—问题导向—技术整合—规则适配”的研究思路，理论与实践相结合，对以三线为核心代表的三类空间划定与管控技术展开系统研究，共分为六章内容。

第一章，从理念形态中的空间和规划语境中的空间两方面，对空间的内涵与外延展开论述，并以此为基础对三类空间的主线、层次及目的进行了界定。

第二章，综述了我国“多规合一”的整体进程，并对比分析了三类空间的相关政策要求，最后依托既有基础提出三类空间划定工作的相关启示。

第三章，遵循科学性、价值性、精准性、普用性四大原则，筛选三类空间划定的基础理论——地域功能理论、“城市人”规划理论、生态系统服务理论、反规划理论、双评价理论，并从价值、结构、程序、管控四个维度提出理论体系构建思路。

第四章，结合规划实践，展开三类空间划定的难点分析，并深层次剖析困局形成的主要成因。

第五章，分别对永久基本农田、城市开发边界、生态保护红线对其划定与管控技术进行历程、方法适用性及管控规则展开对比分析，并提出对应的划定流程。

第六章，结合项目实践，提出统筹划定方案并展开实操。并从优化先行规则的可行性角度，提出优化建议。从提升用途管制水平视角，提出破解困局的方向。

本书是华蓝设计（集团）有限公司国土空间规划技术研究的成果之一，旨在为构建国土空间格局探索一个有益的方向，为国土空间规划的编制及动态更新提供技术支撑。

目录

第一章　三类空间的缘起

自“国土空间规划”提出以来，规划的实践和理论研究协同互促成为这项工作的重要特点，一方面各地按照《中共中央、国务院关于建立国土空间规划体系并监督实施的若干意见》（中发〔2019〕18号）要求，遵循后续出台的相关指南，国土空间规划编制工作推进如火如荼；另一方面各方学者围绕国土空间规划体系及如何开展国土空间规划展开了诸多探讨。但不得不说无论是实践还是理论，对“空间”概念的探讨被当作无关紧要的问题而大大忽略了。从构词上看，“国土”“空间”“规划”共同构成了“国土空间规划”，其中“空间”是其核心，是定义这一名词的核心主体，向前“国土”是空间的属性，向后“规划”是对空间的一项动作。从这个意义上讲，只有更好地理解了“空间”，属性才有依托，动作才有支点，对于国土空间规划可能才会有更为深刻的认识，对于解决国土空间规划工作中存在的诸多问题才能有一个逻辑起点的确定。基于以上思考，本章通过空间的概念、空间的特性、空间的类型等基本问题分析，以及规划领域城乡空间特殊性的揭示及国土空间规划中三类空间的内涵解译，以明确本研究的基本前提。

第一节　理念中的空间

解决任何问题最终都要回归到哲学层次，就表象论表象的研究通常会让观察分析陷入千头万绪的混乱中，正如庄子所述“吾生也有涯，而知也无涯，以有涯随无涯，殆已”，从哲学层面的思考可以更好地抓住空间之道，对空间从哪里来、空间是什么、空间到哪里去、空间怎么到那里去等问题的追溯无疑对当下国土空间规划的深层理解大有裨益[1]。基于此，本部分对空间的概念、特征展开探讨。

一、空间概念的溯源

从朴素的宇宙观到相对论，与人类演进历史相对应，“空间”的概念大体经历了感知的空间、抽象的空间及社会的空间三个阶段，当然需要说明的是三者之间并非非此即彼的关系，而是不断表征人类对空间理解的步步加深[2]。感知的空间，更多的是朴素哲学层面的探讨，基础是轴心文明时代诸多哲人从世界缘起的思考出发，对于空间定义及价值的认知。亚里士多德和老子分别作为东西方的代表人物，大大提升人类对空间的认知水平，其中亚里士多德从物质运动的角度提出“空间”是容器之类的东西，是不能移动的容器，并将空间分为共有空间、特有空间两种类型，两者存在整体与部分的对应关系[3]。而老子在《道德经》第十一章对毂、埏埴、户牖之所以有用的根本，在于其间无的作用，空间的本质也就是“无”[4]。虽然两者表达的方式不尽相同，但均是从自身的体验出发，对其基本概念在哲学层面的思辨；而抽象的空间，是从数学和物理层面对多元感知空间的进一步抽象。随着数学、物理学的发展逐步被提出，公元前300年左右数学家欧几里德将空间定义为“无限、等质，并为世界的基本次元之一”；17世纪牛顿提出绝对空间、相对空间的概念，将绝对空间定义为不可移动的空间，而相对空间是绝对空间中运动的构架；19世纪爱因斯坦在广义相对论中更提出空间是物体A和非物体A所发生的关系的总和，这一阶段对空间的认知重在物质空间存在及度量研究，其定义的空间更多是物理学意义上的空间[2]；社会的空间以列斐伏尔为代表，以其《空间的生产》的出版为标志，社会空间的概念及“空间实践、空间的呈现、呈现的空间”三元组合形态被提出[5]，通过对空间的作用及生产机制的系统刻画，空间的重要作用被深刻揭示；沿着这条道路，福柯、詹姆逊、苏贾对空间的价值作了深入研究，对推动空间哲学的发展起了巨大作用[6]。总的来说，“物的空间”和“社会的空间”均属于空间范畴，只不过物的空间强调的是对空间自然性的认识，社会空间强调的是对空间社会性的把握，在人类无处不在的今天，纯粹的物的空间和纯粹的社会空间恐怕均不存在，空间既是物的空间，同时也是社会的空间。

二、空间的特性

（一）空间有自然性

空间首先是自然空间，是承载万物的载体，是物质广延性的表现，任何人造空间都是以自然空间为基础的。自然空间的特性通常用长、宽、高、大小、形状等来形容，与物质的运动紧密相关，更确切地说空间是物质存在的一种形式，不可移动。

（二）空间有功能性

空间是物质的载体，空间有什么样的物质就会有什么样的功能，不存在没有物质的空间，也不存在没有空间的物质，而物质的社会属性就决定了空间的功能特征，与物质的价值紧密相关，空间的功能性是空间负载物体的功效表达。

（三）空间有可分性

不论共有空间、特有空间论，还是绝对空间、相对空间论，均强调空间作为一个整体是共有的、绝对的，但作为某种功用的构架是可以以特有的形式相对存在的，在这个意义上可以将共有空间划分为多个特有空间。

（四）空间有多元性

从自然属性上讲，空间的形状、大小、边界等种类繁杂，不同空间相互组合能形成更多样化的空间体系；从功能属性上讲，空间的功能既不是一成不变的，也不是不能叠加的。功能可以随着物质的更迭而变换，也可以随着物质的共存而丰富。空间的外在和内在均表现出强烈的多元特征。

第二节　规划中的空间

一、规划中的空间思维探究

本研究中的规划是指人类在工业革命后现代意义上的各类规划，与人类城市化进程紧密衔接。只有系统认知这些规划的发端，剖析规划行业对空间的认知结构，理清多类规划之间的差异及矛盾根源才成为可能；不理解规划产生的背景，仅就规划之间的差异进行比对，很容易停留在问题表面，无限内卷，时间越长离问题的本质就越远[7]-[12]。结合规划历史与我国发展实际，本部分研究的规划主要为城市规划、区域规划、土地规划、主体功能区划，通过回顾各类规划起源的时代背景、编制的根本目的及总的发展历程，找寻空间规划体系优化的切入点。

（一）规划的演进

1. 城市规划

众所周知，现代城市规划内生于建筑领域，在其形成时期有大量的建筑师参与其中，在社会改革思想和建筑技术快速发展的双重推动下，建筑师逐步脱离只为皇家、政府服务的少数建筑类型设计的业务领域，肩负起对社会整体改造的职责。在现代城市规划起步进程中，国际现代建筑会议起到关键作用。1928 年第一次会议的目标宣言中就提出城市规划存在于一切地区的组织生活中，城市规划的目的就是分配土地、组织交通和立法。1933年第四次会议更形成了对现代城市规划起里程碑作用的《雅典宪章》，确立了现代城市规划主要目的为处理好居住、工作、游憩和交通的关系，规划编制的原则应为合理的规划、功能分离、高层低密度、排除历史传统和地区自立。《雅典宪章》突破了传统城市规划仅关注建筑形式、效果层面空间的创造，着眼于依据城市活动对城市土地使用进行划分。这一理念影响了其后40年的西方城市规划实践[13]~[15]。处于同一个时代的我国的城市规划同样受这种理念的支配，无论是1949年前殖民式城市规划、1949~1955年的苏联模式，还是1978年后的经济效益模式，无不看到功能分区、组合、建筑控制的表达。虽然社会制度各不相同，形式各异，如苏联时期是工业城市，改革开放后的综合协调和新城开发，都还是围绕空间功能组织在做文章。

2. 区域规划

在欧美国家，随着城市规划的不断实践，城市规划的边界也逐步从建筑空间拓展到区域空间，城市规划也出现了区域规划的形态，格迪斯的区域城市、各类区域发展研究及纽约区域规划、德国联邦空间整治等都是其中的代表。而在我国，改革开放前城市规划本身就作为落实区域发展政策工具之一，区域规划承担更多的是城市规划上层指导。改革开放后，区域规划与行政管理制度紧密结合，对城市规划的控制偏弱，在城市规划中表现模式为城镇体系规划，在经济领域是大尺度的发展带划分，更加强调原则性的区域协调，但实际作用要大打折扣，直到主体功能区划的出现才得以强化。

3. 土地利用规划

土地利用规划孕育于我国特殊的城乡二元体制中，是在快速城市化进程中，为有效协调城市扩张与土地节约关系而做出的特殊安排。在其产生之初，就有强烈的“农”字特色，国土部门是从原农业部门划分而出，土地利用规划自上而下永远将耕地保护作为第一要务，土地管治对城市建设区域的无力等均有体现，虽已历经三轮规划编制，但城、土协调始终困局难破，如今终于迎来国土空间规划的启动。

（二）三种空间思维

不管哪种类型的空间规划，其目的都涉及对空间资源的合理配置，回顾城市规划、区域规划、土地规划的发展历史，有助于我们理解各规划的外在形态，但想理解其为何表现出这种形态，就要追溯到其精神本元。回顾中国现代化进程，是沿“器物、制度、精神”的轨迹发展，我国各类空间型规划在2010年之前更多还是停留在器物层面。在快速发展的大背景下，实用主义占据绝对上峰，可以说单向实用主义导向下对空间的认识与生态文明时代要求的偏差正是原多类空间型规划、当

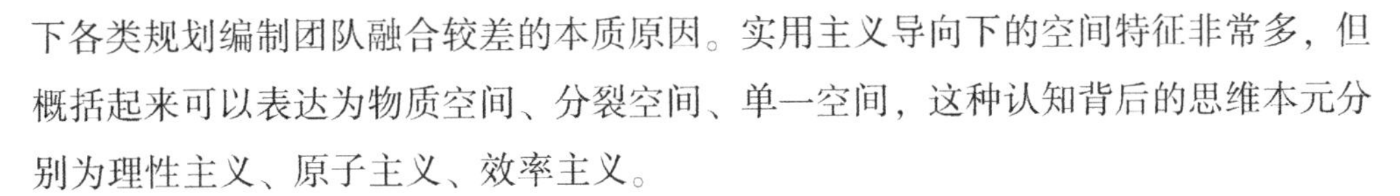

下各类规划编制团队融合较差的本质原因。实用主义导向下的空间特征非常多，但概括起来可以表达为物质空间、分裂空间、单一空间，这种认知背后的思维本元分别为理性主义、原子主义、效率主义。

1. 理性主义控制下的物质空间

理性主义集大成者笛卡尔认为感性是可以骗人的，只有凭借理性才能获得确实可靠的知识。在这种思维的导引下，科学革命不断演进。歌德对于征服自然、超越自我精神的描写，牛顿力学的创立，一度使人类认为自己已经无所不能，什么都可以创造，自其引入社会科学后表现出同样的特征。城市规划也不能例外，在理性主义的指引下，规划的目的表现出理想化空间创造，蓝图式目标物质空间描绘和计划式建设步骤实施成为现代规划的鲜明程式，大大压减了空间领域的边界。

2. 原子主义控制下的分裂空间

作为科学的分析工具，还原论是其中的主导思想，而还原论对事物认识的万物可分观主导了近代以来规划的编制实施具体过程，综合的规划被分解为不同的版块，版块的强化更割裂了各自本有的联系，规划的综合性和规划各专业、各管理部门的原子性冲突愈来愈大，对空间一叶障目式、割裂式的理解制约了人们对于空间系统性认知水平的提高。

3. 效率主义控制下的单一空间

自管理学之父泰勒从提升生产效率的角度提出“泰勒原理”以来，标准化、职能化的生产方式逐步推广，待其被引用到社会经济领域，功能区划、效率服务的规则就成为规划的一大价值理念，人类对于空间价值的理解也显得片面绝对。对人文领域认知的缺失，更引发了 20 世纪 70 年代以后对规划见物不见人的大规模批判。

总的来看，在实用主义导向下，理性、原子、效率成为现代城市规划实践中的思想基础，现代城市规划产生之初的人文光辉被步步掩盖，空间的形式从自然变为几何，空间的价值从多元窄化为单一，空间的管理从综合走向分割。

但也应看到这种思潮的存在有其必然性，现代意义上的我国城市规划是在短期快速提升城市化水平的进程中发挥作用的，解决目前空间规划中存在的各种问题，根本上还是要拨开表象看到意识内涵。空间划定同样如此，增强对空间系统性、多元性的认识是做好划定与管控的先决条件。

二、国土空间规划中三类空间的三点认识

自《中共中央、国务院关于建立国土空间规划体系并监督实施的若干意见》

出台以来，城镇空间、农业空间、生态空间的合理划定就成为其主要目标之一，事关三类空间刚性边界的三条红线。但目前，对于三类空间划定的具体方法探讨很多，对于为什么要划定三类空间以及目的却较少研究。

（一）三类空间划分的主线

如果把国土空间比作一个大的系统，那这一系统中人参与的程度深浅直接决定了生态系统维稳的成本。三类空间本可以理解为一个空间，但这一空间中因“人”这一能动要素参与程度（本书界定为“人化作用”）之别形成了较为显著的不同特征，生态空间“人化作用”小，农业空间“人化作用”适度增强，城镇空间“人化作用”最强，所以从“人化作用”的维度理解，三类空间本就是一类空间，互相可否转化在于人的可进入性及参与程度。

（二）三类空间划分的层次

在三类空间产生的过程中，“生活、生产、生态”空间是先于“城镇、农业、生态”空间的提法，但两者的关系并非非此即彼，两者的差别在于层次，“城镇、农业、生态”的划分处于国土宏观层面，最初的概念来源或许是主体功能区划的三类地区，而“生活、生产、生态”空间的划分更适用于城镇或村庄等微观层面。三类空间的划分应该是总体规划重在前者，详细规划重在后者。

（三）三类空间划分的目的

三类空间划分不是为了更加分化，而是为了更加综合，是实现有效分工与高水平协调的有效手段，最终目的是实现国土保护与开发综合效益的最大化，这个综合效益不是生态效益、经济效益、社会效益的任何一面，而是生态文明价值观导向下，人与自然实现高质量和谐发展的共同效益。

第二章 我国三类空间工作的推进情况

第一节 我国“多规合一”探索

一、早期探索阶段

“多规合一”的提法最早起源于2003年广西钦州提出的“三规合一”，即把国民经济与社会发展规划、城市总体规划和土地利用规划进行融合，以规划的高效衔接、实施来促进地方经济的快速发展[1][16]。随后，相关“多规合一”试点工作在江苏苏州、四川宜宾和辽宁庄河等6个市县展开。发达城市的“多规合一”试点工作始于2008年，上海、武汉等地将其国土部门与规划部门进行整合，探索了“两规合一”“三规合一”。2010年，重庆市开展“四规叠合”工作，探索将土地利用规划、城市总体规划、产业发展规划、生态环境保护规划进行整合。2013年之后，国家相继印发实施《国家新型城镇化规划（2014—2020年）》《关于开展市县“多规合一”试点工作的通知》，明确“多规合一”的具体思路，提出“划定城市开发边界、永久基本农田红线和生态保护红线，形成合理的城镇、农业、生态空间布局”的要求。2014年8月，国家四部委（国家发展改革委、国土资源部、环境保护部、住房城乡建设部）分头开展28个市县“多规合一”试点，自此，国家层面的“多规合一”试点工作正式铺开。

二、分头试点阶段：“四部委”“多规合一”试点中的空间划定

2014年8月，国家四部委分头开展28个市县“多规合一”试点，形成了三套

试点模式，即体制创新型（通过体制创新推进多规合一）、内容完善型（修正规划内容达到多规合一）、体系修正型（修正规划体系达到多规合一）[1][17]。三类试点在空间划定方面提出了不同的方法。

（一）体制创新型试点方案

体制创新型“多规合一”试点方案的总体思路是：以市县五年发展规划为基础，编制统一规划时限的发展总体规划，在总体规划中确定规划总目标，并将总目标贯穿于其他专项规划（城市总体规划、土地利用总体规划、环境保护总体规划以及其他规划），试图通过发展总体规划的指导，推动实现“多规合一”（图 2－1）。

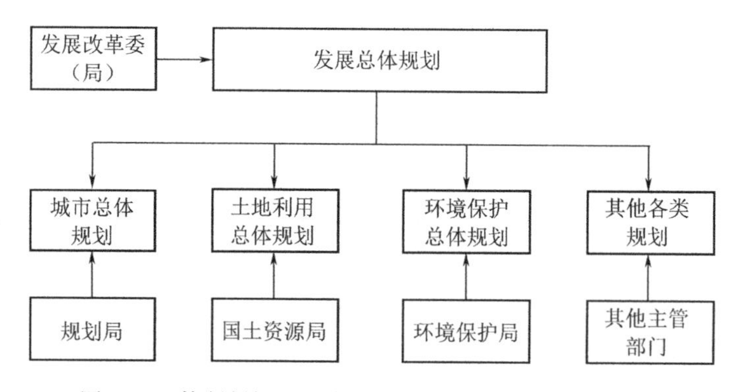

图 2－1　体制创新型“多规合一”试点方案的实施路径

在空间划定方面，体制创新型强调在制定发展总体规划过程中要按照主体功能区的要求，开展国土空间分析评价，以行政边界和自然边界相结合的方式，划定城镇、农业和生态三大空间，落实三类控制线。发展总体规划为各类规划预留接口，通过接口设计，构建指标目标刚性，布局弹性的下位规划模式。

（二）内容完善型试点方案

内容完善型“多规合一”试点方案的总体思路：重点针对发展规划、城市总体规划、土地利用总体规划、环境保护总体规划等各类规划中在空间上存在的交叉和冲突内容，进行优化完善。主要完善方法：一是强化资源环境承载力的指标约束性。对于资源利用效率指标加强约束，提升单位 GDP 能耗、单位工业增加值能耗和水耗、基本农田保护面积、环境质量以及人均建设用地。二是将冲突部分分类处理。对于现状建设用地占用基本农田和生态红线的限期恢复，对于规划中出现的用地冲突，以约束型规划调整发展型规划为主。三是差异化调增策略。对于规划技术差异导致的冲突，通过建立统一的分类系统调整划一；对于基本农田和农用地的差异，依据土地利用规划调整；对于重大建设项目导致的规划差异，以资源环境承载力为基础调整。

（三）体系修正型试点方案

体系修正型“多规合一”试点方案的总体思路：重新梳理各类规划的作用，以经济社会发展规划、城乡总体规划、土地利用总体规划和环境保护总体规划为主，强调主要规划应同时编制、同时调整、协作分工。其中经济社会发展规划主要负责确定发展目标和重点产业，土地利用总体规划主要负责确定目标引导下的耕地、城乡建设用地等具体指标，城市总体规划负责发展规划和土地利用总体规划指引下的具体建设坐标，包括建设用地的规划、空间布局以及建设用地的具体边界等，环境保护总体规划重点负责确定生态控制线、环境风险红线以及环境功能区划等发展底线。总体上，体系修正型“多规合一”试点方案试图通过多规的协作分工，推动构建统一的空间体系，具体思路如图2－2所示。

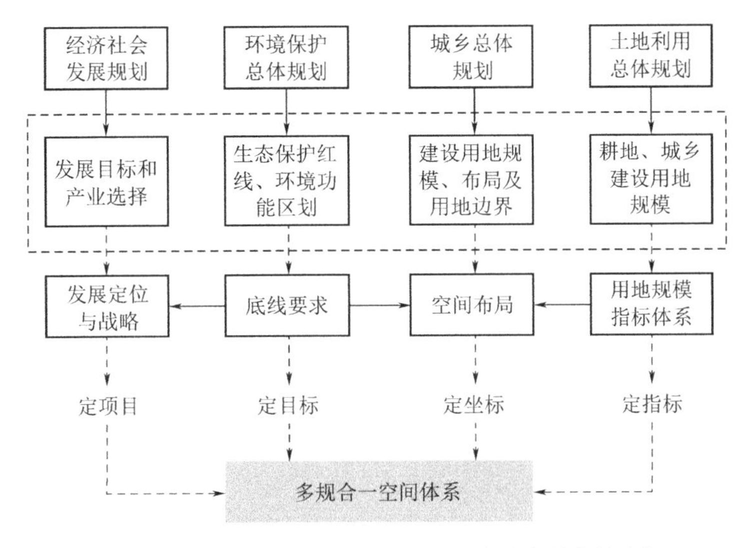

图2－2　体系修正型“多规合一”试点方案的实施路径

（四）三类试点方案空间划定比较

从空间划定的效果来看，三类“多规合一”试点方案各有利弊。其中，体制创新型试点方案有利于加强规划的调控力度，提升规划的执行力，对于强化城市管理具有较大作用；但体制创新型试点方案并未针对城市空间布局和城市环境管控进行整合，方案实施之后仍将面临“多规”各自为政的状况，虽然提出加强“三区三线”的管控，但城市空间的环境问题依然难以解决。内容完善型试点方案有利于充分剖析“多规”之间的问题，尤其是有利于改善各类规划在空间上的交叉重复和空间不一致，但是该方案从内容完善和处理空间交叉重复的角度出发，明显过于被动，并未从问题产生的源头解决问题，总体上仍然是“治标不治本”。体系修正型试点方案强调不同规划的分工协作，可以有效发挥各类规划的作用，按照

“目标—指标—坐标”的思路构建统一的空间分区体系，但是该方案总体上类似于城市总体规划的再包装，将其他三类规划的相互制约作用弱化为某一个规划环节，无法从根本上做到多规合一，多规之间的协调压力依然大，各类规划责任未能理清，实施依然有难度。总体来看，2014 年 8 月之后，“四部委”分头开展的三种“多规合一”方案各有优缺点，试点工作充分认识到各类规划在空间方面交叉重叠的问题，从体制机制创新、规划内容衔接、规划体系修正等视角提出一系列具有建设性的国土空间改革思路，但是并未真正解决“多规合一”中的三类空间划定问题（表 2－1）。

四部委 28 个试点的技术指引与规定的要点对比 **表 2－1**

模式	主导部委	空间规划体系	空间管控统筹	主要试点市县
体制创新型	国家发展改革委、环境保护部	以经济社会发展规划为依托，统筹城乡、土地利用和生态环境保护规划，编制形成统领市县发展全局的总体规划	优化整合相关规划不同的空间管制分区，将市县域划分为城镇、农业和生态三大空间	浙江省嘉兴市（共同试点）、辽宁省大连市旅顺口区、黑龙江省哈尔滨市阿城区、黑龙江省同江市、江苏省淮安市、江苏省句容市、江苏省泰州市姜堰区、浙江省开化县、江西省于都县、河南省获嘉县、湖南省临湘市、广东省广州市增城区、广西壮族自治区贺州市、四川省绵竹市、甘肃省玉门市
内容完善型	国土资源部	按照综合性、基础性、长远性国土空间综合规划的要求，合理界定“多规合一”的国土空间综合规划与现行相关规划的关系，明确国土空间综合规划的顶层性、约束性、指导性地位。探索现行相关规划的整合和职能分工调整，提出完善各类型与各层级规划编制、审批和实施监管的制度建议	坚持安全优先、用途管制的原则，统筹生态红线、永久基本农田和城市开发边界“三线”划定	浙江省嘉兴市（共同试点）、山东省桓台县、湖北省鄂州市、广东省佛山市南海区、重庆市江津区、四川省宜宾市南溪区、陕西省榆林市
体系修正型	住房城乡建设部	编制市（县）总体规划要参照城乡规划编制有关技术规范要求，加强对详细规划、专项规划的指导，使空间规划可落实、可考核、可监管	划定“三区”（禁建区、限建区和适建区）、保护与开发边界（永久基本农田保护边界、生态保护边界和城镇开发边界等）、四线（绿线、蓝线、紫线和黄线）	浙江省嘉兴市（共同试点）、浙江省德清县、安徽省寿县、福建省厦门市、广东省四会市、云南省大理市、陕西省富平县、甘肃省敦煌市

第二节　三类空间相关政策

鉴于现行空间规划体系难以引导空间资源有序开发，为重构空间规划体系，满足自然资源开发与保护需求，提升空间治理效能，在十九届三中全会通过的《深化党和国家机构改革方案》中，国家提出组建自然资源部，统一行使国土空间用途管制和生态保护修复职责，将发展改革委的主体功能区规划、住房城乡建设部的城乡规划、国土资源部的土地利用规划以及国家海洋局的海洋功能区划等空间性规划编制管理职能进行整合，划归自然资源部，由其负责建立统一的空间规划体系。机构改革之后，国家相继出台了一系列政策文件推动国土空间规划体系建设，逐步明确“三区三线”划定的相关规则。

一、中共中央、国务院《关于建立国土空间规划并监督实施的若干意见》（中发〔2019〕18号）

明确指出建立国土空间规划体系并监督实施，将主体功能区规划、土地利用规划、城乡规划等空间规划融合为统一的国土空间规划，实现“多规合一”，强化国土空间规划对各专项规划的指导约束作用，这是中共中央、国务院作出的重大部署。在空间划定方面，提出要科学有序统筹布局生态、农业、城镇等功能空间，划定生态保护红线、永久基本农田、城镇开发边界等空间管控边界以及各类海域保护线，强化底线约束，为可持续发展预留空间。

二、中共中央办公厅、国务院办公厅《关于在国土空间规划中统筹划定落实三条控制线的指导意见》

明确三条控制线的基本内涵、划定优先顺序及划定原则，指出各控制线的管控要求，指出协调边界冲突的总体思路，要求结合国土空间规划编制，完成三条控制线的划定和落地，协调解决矛盾冲突，纳入全国统一、多规合一的国土空间基础信息平台，形成一张底图，实现部门信息共享，实行严格管控。到2035年，通过加强国土空间规划实施管理，严守三条控制线，引导形成科学、适度、有序的国土空间布局体系。

对于三条控制线的划定要求，意见明确：

按照生态功能划定生态保护红线。优先将具有重要水源涵养、生物多样性维护、水土保持、防风固沙、海岸防护等功能的生态功能极重要区域，以及生态极敏感脆弱的水土流失、沙漠化、石漠化、海岸侵蚀等区域划入生态保护红线。其他经评估目前虽然不能确定但具有潜在重要生态价值的区域也划入生态保护红线。对自然保护地进行调整优化，评估调整后的自然保护地应划入生态保护红线；自然保护地发生调整的，生态保护红线相应调整。

按照保质保量要求划定永久基本农田。依据耕地现状分布，根据耕地质量、粮食作物种植情况、土壤污染状况，在严守耕地红线基础上，按照一定比例，将达到质量要求的耕地依法划入。已经划定的永久基本农田中存在划定不实、违法占用、严重污染等问题的要全面梳理整改，确保永久基本农田面积不减、质量提升、布局稳定。

按照集约适度、绿色发展要求划定城镇开发边界。城镇开发边界划定以城镇开发建设现状为基础，综合考虑资源承载能力、人口分布、经济布局、城乡统筹、城镇发展阶段和发展潜力，框定总量，限定容量，防止城镇无序蔓延。科学预留一定比例的留白区，为未来发展留有开发空间。

三、自然资源部办公厅关于印发《市级国土空间总体规划编制指南（试行）》的通知

明确了三类空间划定的相关要求：

优先确定生态保护空间。明确自然保护地等生态重要和生态敏感地区，构建重要生态屏障、廊道和网络，形成连续、完整、系统的生态保护格局和开敞空间网络体系，维护生态安全和生物多样性。

保障农业发展空间。优化农业（畜牧业）生产空间布局，引导布局都市农业，提高就近粮食保障能力和蔬菜自给率，重点保护集中连片的优质耕地、草地，明确具备整治潜力的区域，以及生态退耕、耕地补充的区域。沿海城市要合理安排集约化海水养殖和现代化海洋牧场空间布局。

融合城乡发展空间。围绕新型城镇化、乡村振兴、产城融合，明确城镇体系的规模等级和空间结构，提出村庄布局优化的原则和要求。完善城乡基础设施和公共服务设施网络体系，改善可达性，构建不同层次和类型、功能复合、安全韧性的城乡生活圈。

四、中共中央办公厅、国务院办公厅印发《关于划定并严守生态保护红线的若干意见》的通知（厅字〔2017〕2号）

明确了生态保护红线划定范围，提出要识别生态功能重要区域和生态环境敏感

脆弱区域的空间分布，将两类区域进行空间叠加，划入生态保护红线，要涵盖所有国家级、省级禁止开发区域，以及有必要严格保护的其他各类保护地等。明确生态保护红线的边界应结合自然边界、各类保护地边界，以及江河、湖库、海岸等向陆域（或向海）延伸一定距离的边界，国有土地调查、地理国情普查等明确的地块边界等进行确定。

五、广西壮族自治区自然资源厅办公室关于印发《广西壮族自治区城镇开发边界划定指导意见》的通知

指出城镇开发边界的划定要优化城镇布局形态，合理划定城镇集中建设区、特别用途区和城镇弹性发展区。城镇开发边界应由1条或多条连续闭合线组成，单一闭合线围合面积原则上不小于30hm^2。其中：

城镇集中建设区划定应结合城镇发展定位和空间格局，依据城镇建设用地规模方案，将规划集中连片、规模较大、形态规整的地域确定为城镇集中建设区。现状建成区，规划集中连片的城镇建设区和城中村、城边村，依法合规设立的各类开发区，国家、省、市确定的重大建设项目用地等应划入城镇集中建设区。市级总规在市辖区划定的城镇开发边界内，划入城镇集中建设区内的规划城镇建设用地一般不少于市辖区规划城镇建设用地总规模的80%。县级总规按照市级提出的区县指导方案划定县（区）域的全部城镇开发边界后，以县（区）为统计单元，划入城镇集中建设区的规划城镇建设用地一般应不少于县（区）域规划城镇建设用地总规模的90%。

特别用途区的划定应包括对城镇功能和空间格局有重要影响、与城镇空间联系密切的山体、河湖水系、生态湿地、风景游憩空间、防护隔离空间、农业景观、古迹遗址等地域空间。

城镇弹性发展区应在与城镇集中建设区充分衔接、关联的基础上合理划定。城镇弹性发展区原则上不超过城镇集中建设区面积的15%，其中现状城区常住人口300万以上城市的城镇弹性发展区面积原则上不超过城镇集中建设区面积的10%。

第三节　我国三类空间划定工作启示

从我国空间规划试点取得的经验、各类试点方案的差异性以及机构改革之后国家出台的一系列政策文件，可以总结我国未来三类空间划定工作应注重以下几方面内容：

一、“多规合一”试点重在体制机制的突破

我国的“多规合一”试点已从早期的技术协调型探索转向更深层次的空间规划体系改革，在探索部门规划管控边界、管理体制协调的表象下，各试点表现出相当强烈的地方主义色彩和上下级政府对“土地开发权”配置的博弈。相较于技术上的问题，这一源于现行体制的中央与地方之间规划事权的矛盾，可能是空间规划体系改革的核心难题[18]。

二、应注重三类空间划定的统筹协调

未来三类空间的划定应重点关注不同部门利益的协调，正确处理政府与市场、城市与乡村以及城市内部不同系统之间的关系，不能用划定的空间结果来代替不同部门的实际工作。在三类空间划定过程中，应强化底线安全意识、继承相关规划优势、以“双评价”为基础优化国土空间格局、实现空间全域覆盖、关注存量空间与空间品质、健全国土空间用途管制制度；国土空间规划应分级分类、自上而下、底线管控；要重视空间规划中的区域、城市、地方三个层次以及彼此间的关系。

三、应尽快建立完善的空间用途管制制度

涉及三类空间的用途管制制度应涵盖空间的职能、空间规划层级以及空间的管控手段等。其中空间用途管制的职能应涵盖规划、实施和监督三大环节；空间规划的层级应覆盖国家、省（自治区）级、市级以及县级以下；三类空间的管控手段应包括指标、边界、名录等形式。

四、应充分发挥地方在空间规划改革中的话语权

中央要求地方层面响应并落实国家宏观治理要求，在其框架下统筹行政辖区内土地发展权配置的同时，应明确地方应重点推进的空间规划变革，包括在地方通过编制国土空间总体规划、都市圈（城市群）空间战略规划，加快形成空间利用的共识；加强信息化手段的运用，尽快形成建设管理“一张图”，统一建设用地管理；结合部门空间事权，梳理各类空间管制的基本要素，编制部门专项规划，实现分类管理。

第三章　三类空间协调划定的理论基础

通过回顾我国三类空间划定的进程，可以看出三类空间划定的理论基础稍显薄弱，如何科学有序统筹划定三类空间亟需相关理论的支撑，选择并厘清这些理论的作用可以更好地推进三类空间的划定进程。

第一节　理论选取原则

一、科学性原则

我国国土空间规划工作是近些年来国家根据我国发展形势变化和实际发展需要创造出来的空间领域规划工作。回顾规划历史，我国空间领域规划工作在近现代以来大量借鉴和引进了国外相关理论，涉及的相关领域包括城乡规划、地理、生态、社会、经济、管理、信息技术等诸多学科，相关的知识体系相互交叉和融合，相关理论多样多元，并且仍在持续不断地完善。为了更好推进三类空间协调划定工作，相关理论选择的第一要务是遵循科学性的原则进行理论筛选工作。一方面，相关理论的逻辑体系必须严密，从概念到判断至推理的过程不能违背客观规律，不能与已有的科学事实相违背；另一方面，相关理论的内容和方法运用应当比较成熟且完善，最好是有一定实践成果或者成效的，不能与已被证明正确的相关领域学科理论相矛盾，要与现有空间性规划经典适用的公认理论的本质相符。

二、价值性原则

科学理论是人类对某科学领域所进行的系统性知识解释和阐述的知识体系，随着我们认知手段和技术水平的提升，以及价值体系的变化，理论也在持续衍生和发展。在进行理论选择过程中，要根据时代发展的需要进行筛选，从而让理论使用价值与社会价值相统一。其一，选取的理论要符合国土空间规划改革政策主导方向、经济社会高质量发展导向，服务国土空间规划政策、划定和管控体制机制制定；其二，选择的理论要符合以人为本、人与自然和谐的价值观念，推动解决三类空间系统性划定和管控难题，从整体利益视角解决资源和利益分配症结。

三、精准性原则

科学理论是人们在固定时期固定活动下，通过实践和总结归纳而成的。在历史长河中，尤其是近两百多年以来，随着地理学、管理学、生态学、环境学、信息技术科学等学科的深入发展，涌现出许多的空间规划理论。我国的国土空间规划改革时代背景、经济社会环境与外国不尽相同，诸多三类空间划定与管控问题不能简单选择国外国内某种或几种理论来提供解决思路，而是要坚持实际需求导向，抓住三类空间协调划定和管控的主要矛盾，聚焦主要问题解决的实际需要来进行选择。同时，如果有几种理论都是针对同一问题或者现象的，那应对其进行比选，确保理论的精确性，从而更好地推动解决三类空间划定和管控难题。

四、普用性原则

科学理论是对经验事实的总结、凝练和简化过程，其本身就是抽象的，许多科学理论受制于时代技术水平、研究手段以及个人原因，本身的逻辑体系会不够严密严谨。所以我们在诸多理论当中进行选取时，一是要检验其大众认知程度，是不是符合时代主流知识体系的认可；二是要检验其转化使用水平，国土空间规划涉及领域广，且现今诸多领域间的理论互用互鉴程度高，所选取的理论必须是有诸多实践使用经验和成效的；三是要检验其是否具有简单性特点，概念是否明确且精准，理论自身的基本逻辑以及结论是否简洁明了。

第二节　基础理论内容

遵循上述原则，对生态学、地理学、经济学、区域科学中围绕综合开发、承载力评估、规划方式等方面进行筛选，并与行业专家充分讨论，最终确定以下五个理论作为三类空间划定的基础理论。

一、地域功能理论

地域功能理论及其思想源自19世纪欧洲近代地理学区域规划研究实践，时值欧洲工业化推进进程中产生了大量的人地关系矛盾及生态环境问题，以法国、德国、英国为代表的地理学者开展了自然区划、城市规划区域等研究。步入21世纪，随着我国大力推进主体功能区规划建设工作，我国陆大道[19]、盛科荣[20]、樊杰[1][21] 等学者深入开展地域空间、功能研究工作。地域功能理论以地表空间为研究对象，以研究地域的功能生成及变化机理为重点，协同开展不同空间和区域功能识别、相互关系、有机协调管理的地理学理论。

该理论认为自然环境的可占用性和承载能力空间分异规律是地域功能的基础本底，人口空间布局和经济活动等经济社会因素是驱动地域功能演变的主要动力，不同类型空间是区域功能序贯选择、相互交叉组合的过程。通过双评价等评价方式，对区域功能进行叠加分析，在三区与三线之间有序进行空间功能分区，划分清晰单一型地域功能和复合型地域功能空间。在划分过程当中，要确保所划分的地域单位功能与自然社会基础条件相适应，地域单元内部的各项功能冲突相协调，各地域单元间功能相协调，地域单元短期与长期功能发展效益的协调。针对特定区域的利用功能界定，该理论提出应在考虑与其他功能利用相互间关系的基础上，在上层级区域、战略格局上进行统筹安排。

二、“城市人”规划理论

“十三五”初期，我国常住人口城镇化率突破50%，城市在我国城乡发展过程中开始占据主导性作用，城市规划建设工作日趋重要，但快速的人口城镇化带来了城市病、生态环境恶化等诸多问题和挑战，诸多学者深入审视和完善我国城乡规划理论。在这一进程中，梁鹤年2012年在人居科学的基础上，首先提出“城市人”理论。

该理论[22] 的核心是强调以人为本开展城乡规划建设工作，其提出的“城市人”对象不仅包括个人，还包括政府、企业、学校、医院等群体社会组织；理论研究主体包括微观主体个人或组织、人口聚居空间现象、人居环境；其理论核心要义在于城乡规划应服务于“城市人”，规划满足人发展需求的空间，营造良好的空间秩序，保障空间秩序和社会秩序衍化相一致。针对三类空间协调划定[23]，在规划目标上，应立足人的需求，基于人与自然共存的原则，去协调“三区三线”的划定，不搞一刀切式划定和管控；在划定技术上，聚焦人及社会群体的发展要求，满足经济社会发展需要，科学识别不同区域、不同城市三类空间用地发展需求，统一制定差异化用地划分标准，完善用地和空间结构匹配、总量匹配的机制；在划定制度上，突出刚性和弹性相结合的原则，构建富有韧性的划定政策和弹性调整制度。

三、生态系统服务理论

党的十八大以来，我国步入经济社会转型的重要时期，国家层面日益重视生态文明建设工作，将优化国土空间开发格局工作作为重点。同期，我国掀起生态系统服务研究的浪潮，李双成[24]、李睿倩[25] 等地理学者在总结国外生态系统服务领域研究成果基础上，基于我国空间与区域发展需要的视角，描绘了生态系统服务地理学的学科框架及相关理论内容，并围绕国土空间规划体系建设需求进行了探讨。此外，王如松[26] 等人认为人类与自然环境相伴，通过人类社会、经济活动和自然条件，共同组合形成了复合生态系统，三个子系统间必须通过结构整合和功能整合，实现系统价值和效益最大化。

生态系统服务指的是依托于人类生存、发展的自然环境，通过直接或者间接方式，通过自然生态系统而获得的产品和服务。该理论认为生态系统服务是关联生态系统与人类文明的重要桥梁，生态系统服务与经济社会发展密切相关、不可分割。同时，自然和人文相互作用造就了生态系统服务产品，内部存在着一定的相互作用机理，不同区域的生态系统服务时空特征存在差异性。对此，在国土空间规划编制过程中，必须将生态系统服务作为国土空间资源配置和利益相互协调的研究载体和重点内容，才能使得规划成果更加符合生态文明建设和高质量发展需求。

李睿倩等人提出生态系统服务对于不同层级规划具有不同支撑作用，国家层面侧重战略支撑性作用，省级层面侧重区域生态资源的均衡配置，市县层面侧重落实宏观治理要求和规划实施可操作性。其中，在市县层面，提出为更好运用生态系统服务理论，在地方土地用途管制、土地结构调整、生态环境保护和地方发展目标四方面发挥作用。应聚焦生态系统服务价值的提升，统筹考虑社会、经济、自然环境需求，对空间发展布局进行调整优化，并科学进行三线划定和分区工作。要科学研判用地空间内生态系统服务价值变化方向和趋势，进而解析用地结构影响，并提出合理的空间和用地结构调整策略，从而优化地方用地发展潜力。基于生态系统服务理论和方法，科学识别市县层面重要生态功能区域和廊道，服务构建区域生态安全格局，借助生态系统服务信息，反映群众生态服务和环境保护诉求，并反馈至规划目标。

四、反规划理论

在我国快速城镇化发展背景下，面对城市无序扩张、生态环境恶化等问题，俞孔坚、李迪华在继承生态规划理论的基础上，针对城市规划建设提出了反规划理论。目前，反规划理论不仅在生态保护红线、城镇开发边界划定中得到运用，部分研究将其引入至永久基本农田保护红线研究划定过程中。同时，反规划理论还得到延伸和拓展，学者不仅关注安全底线，亦开始关注发展底线[27]。

该理论提出以生态保护有限的逆向思路，在国土开发建设前优先对具有战略性意义的生态区域和景观要素等进行划定，而后再进行基础设施和用地空间布局。反规划理论与我国目前三类空间划定和管控的内在逻辑相一致，认为应该在坚持生态底线的前提下开展空间划定和用地开发工作。反规划理论在三类空间划定与管控中有以下突出作用：其一，底线思维理念具有协调性指导作用。各级国土空间规划间及内部涉及的利益者多元，用反规划理论和思想来指导划定工作，守住资源和生态安全线，从而规避矛盾扩大化。同时，在划定和管控过程中还应坚持增长底线，满足不同区域基本的生产生活发展需要。其二，划定方式方法富有张力，刚性和弹性相得益彰。通过优先划定生态、农用地底线，把有关控制性指标和任务落实到位[28]，从而在协调好人地关系的前提下，再去协调内部开发建设活动，确保资源开发利用与生态环境相协调。

五、双评价理论

自古以来，人们就注意到人类与自然环境是共生体，自然不能无限制地为人类提供资源。到了18世纪末，随着英国工业革命的掀起，资源开发利用规模和人口发展规模持续扩张，在此背景下，马尔萨斯发表了著名的《人口原理》，提出了承载力的内涵。随后生态学、地理学、经济学、城乡规划等领域学者逐步开始关注经济社会发展和资源环境协调发展相关的问题，到了20世纪60年代，承载力和适宜性评价研究浪潮兴起，诸多评价体系和方法也被引入了我国。步入21世纪，随着我国实施主体功能区战略，双评价在我国开始了大规模运用阶段，并成为科学认知、分析、评价我国国土空间的重要理论和方法。目前，我国针对国土空间规划编制需求，制定了新版的双评价技术指南，对双评价的工作准备、单项评价、集成评价以及综合分析流程、方法进行了明确。

双评价分资源环境承载能力评价和国土空间开发适宜性评价。资源环境承载力评价[29]的重点在于测度和评判国土空间对建设性活动所能承受或承载的阈值，科学识别生态敏感区域，为框定生产生活活动边界、划定生态安全底线提供技术支撑。国土空间开发适宜性评价的重点在于综合考虑自然资源条件、区位条件等因素下，评估特定国土空间范围内农业农村建设、城镇化发展等人类活动的适宜程度，为区域内各类开发活动提供定位和引导参考，并为协调不同区域用地指标和规模提供依据。在“三区三线”协调划定过程中，可深挖双评价应用潜力，增强评价的横向、纵向性，多维化使用双评价结果。同时，还要规范双评价结果使用制度，确保评价结果运用公平公正。

第三节　理论体系构建思路

一、回归本源，厘清价值取向

国土空间规划所处的时代已与过往不同，我国已由经济快速增长的发展阶段转入追求高质量发展的新阶段。在此背景下，城乡三类空间规划的理论体系应转变传统以高、快增长为核心的价值理念，向以人民为中心、人与自然协调、公平公正的价值取向转变。其一，划定和管控过程中应牢牢树立规划为人民的核心思想，关注规划期限内不同区域、不同类型群体的空间发展需求，充分满足人民生产生活需要；其二，划定和管控过程中应坚持生态安全底线要求，以满足人们日益增长的生态产品供给需求为重点，兼顾部分区域发展底线需求，统筹划定生态红线，合理优化生态空间布局；其三，国土空间格局是经济社会活动映射以及自然本底叠加形成的，国土空间规划是区域协调发展、共同富裕发展的重要抓手，故在划定和管控过程中应反映不同区域均等化发展要求，各层级空间规划之间的相互衔接过程要体现公平，划定过程中还应充分吸取地方及人民群众的呼声，公平公正做好指标分配的协调工作。

二、理论重构，整合划定理论

国土空间规划是一项复杂程度高的工作，涉及规划领域多、方式方法多样。为了提升地方尤其是市县一级城镇开发边界、永久基本农田保护红线、生态保护红线划定和管理水平，必须要对原空间规划划定理论进行梳理，强化划定理论和方法的转化，更好发挥理论的指导性作用。其一，厘清三类空间协调划定的内涵，立足“城市人”规划理论和生态系统服务理论，明确该项工作是统筹国土空间发展和安全的重要工作，是协调人与自然、不同群体间资源分配和价值利益的重要抓手；其二，三类空间协调划定要坚持刚性与弹性相结合、发展底线和安全底线相结合，在充分运用双评价理论和方法明确发展基底的前提下，并在立足区域功能组合效益最大化原则下，进行空间划定协调工作；其三，建立功能复合区域以及其他类型复杂区域协调划定工作，充分借鉴反规划理论和双评价理论，建立多维度、多视角方案比选工作机制，科学合理地选择划定方案。

三、程序解构，理顺划定逻辑

国土空间的划定牵涉的体系层级多、利益集团多、内容覆盖面广，要在辨析国土空间划定过程中的划定分割冲突及协调难点基础上，以及在摸清本底评价、目标传导、划定协调、空间管控等工作内容前提下，重新厘清空间协调划定的工作程序。其一，明确划定工作技术流程，统一本底条件评价、空间管控范围划定、空间要素配置、规划信息平台录入的具体程序和内容；其二，建立完善划定协调机制，正确协调处理好三个利益关系，包括完善划定部门与管控部门、利益相关部门间的利益关系，不同层级政府、部门的利益关系，政府部门与社会群体的利益关系，同时构建完善规划分级传导路径，以及用地和空间分配上的衔接沟通机制；其三，建立完善规划信息衔接机制，搭建完善跨部门、跨层级、跨区域国土空间规划信息平台，发挥好平台划定协调及管控作用。

四、闭环管理，重塑管控机制

我国目前的国土空间规划工作统一归口至自然资源部门，但划定权与管制权尚未实现有机统一，要推动管控机制与划定理论相衔接，形成新的管控治理理论。其一，对口地域功能理论，遵循用途管控与功能管控相互融合的原则，构建并完善“双评定底—三线定界—单元嵌套—空间放开—指标约束—定权定责”的路径；其二，遵循“城市人”规划理念，将以人民为中心的思想牢牢扎根并繁衍于管控过程中，如推动空间治理体系“政府—市场”循环向“自然—政府—市场—社会”[30] 循环转变，强化公众参与方式方法，拓展规划外部性评价及结果运用。

第四章　三类空间协调划定难点与困局

第一节　三类空间划定难点分析

机构改革前，生态保护红线、永久基本农田、城镇开发边界三条控制线由不同的国家部委主导。永久基本农田承担粮食安全、限制城市蔓延的使命，生态保护红线以保障生态系统功能为主，城镇开发边界主导经济发展、规模扩张，各部门利益取向及各功能区分难以统一，“三线”存在交叉重叠现象[31]。

一、城镇开发边界内频现永农“天窗”

由于我国山地多、平地少，加上土地资源的多功能性，适宜集中连片耕作的优质耕地往往也适合发展建设，永久基本农田与城镇开发边界存在互相挤压、嵌套式分布的现象。机构改革前，全国国土空间资源尚未整合，国家对永久基本农田保护尤为重视，为控制城市的无序蔓延，原国土资源部开展了城市周边永久基本农田划定工作，不能划入永久基本农田保护区的城市周边优质耕地需要举证，导致城市周边紧凑布局着永久基本农田，需要在城镇空间内部“开天窗”，使得城镇空间出现破碎化、城市路网被切割、城镇合理发展需求得不到满足。同时，受城镇扩张的影响，永久基本农田空间也出现耕地碎片化现象，永久基本农田与城镇开发边界矛盾尖锐。

二、生态保护与农业生产边界不够明晰

由于农业生产具有一定的生态功能，农业生产空间也可布局在生态空间中，二

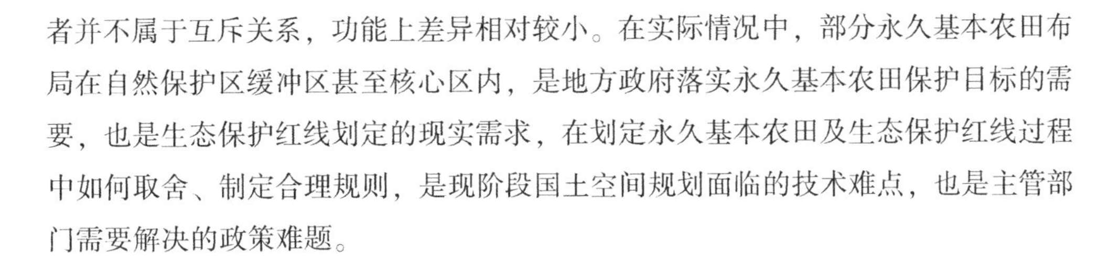

者并不属于互斥关系，功能上差异相对较小。在实际情况中，部分永久基本农田布局在自然保护区缓冲区甚至核心区内，是地方政府落实永久基本农田保护目标的需要，也是生态保护红线划定的现实需求，在划定永久基本农田及生态保护红线过程中如何取舍、制定合理规则，是现阶段国土空间规划面临的技术难点，也是主管部门需要解决的政策难题。

三、城镇开发边界深入生态空间内部

相对来说，城镇空间与生态空间的冲突较农业空间小，二者交叉重叠主要包括三种情况。一是为保证生态保护红线的完整性、稳定性、连续性，部分现状建设用地被划入了生态保护红线，导致合理的发展受到限制；二是将城市空间内的河流水系及沿岸绿化带、城市公园、郊野公园、公园绿地、防护绿地及重要交通道路沿线绿化带等划入生态保护红线区，造成管理事权混乱；三是在部分重点生态功能区，为落实地方保护任务的需要，将生态保护红线划到城镇边缘，城镇空间布局与生态空间布局过于紧凑，这对于丘陵、山地地区的城市来说无地可用、无处可扩，给当地的合理发展带来一定的问题。

第二节　“三线”冲突困局成因分析

一、部门利益倾向不一，缺乏全局性统筹

国务院机构改革前，生态保护红线、永久基本农田、城镇开发边界划定分别由环保部门、国土部门、住建部门组织开展，生态保护红线需要维护生态安全格局、保障生态系统功能，永久基本农田则肩负着粮食安全保障的重要职责，城镇开发边界主导城市建设发展、规模扩张以支撑经济发展。由于土地资源具有多功能性和有限性，同时受基础数据差异及部门利益倾向不一的影响，在有限的土地资源配置中，各部门对于生态用地、农用地、建设用地的分类、数量分配以及布局难以达成一致，加上相关规划衔接不够，成为“三线冲突”的直接原因[32]。

二、划定边界过于精细，划定权限高度集中

根据2019年中共中央办公厅、国务院办公厅联合发布的《关于在国土空间规划中统筹划定落实三条控制线的指导意见》要求，三条控制线需科学划定并落实，做到不交叉不重叠。自国土空间规划启动以来，自然资源部在浙江、山东、江西、

广东、四川等试点开展了“三区三线”统筹划定工作，至今已制定了三轮划定调整规则，边界落实到地块，规则具体详尽、实操性强，地方基本没有调整的权限，高度集权的划定方式及严格的耕地保护制度使得三线用地数量分配及空间布局再次陷入困境，难以平衡。

三、农民种粮效益低迷，耕地补充空间较小

一方面，我国农业基础设施薄弱，生产技术相对落后，自实施粮食最低收购价政策以来，农民种粮积极性有所提高，但也使得我国粮仓爆满，导致市场价低于保护价，农民卖粮难、种粮效益持续低迷，[33]种粮意愿不断下降。为实现农村发展和农民增收，部分农民逐渐放弃种粮，改种经济效益更高的瓜果等经济作物，导致大量耕地向园地、林地转变，这是市场经济发展的必然结果。农业结构的调整，导致耕地甚至永久基本农田进一步减少，永久基本农田的边界逐渐向城镇周边靠近，不断加重与城镇建设发展的冲突。

另一方面，我国山地多，平地少，耕地后备资源不足、开发难度大，主要表现在以下几方面。一是部分后备资源多分布在丘陵山地，部分分布在山坡、生态环境脆弱区，受经济、技术条件的制约，开发潜力小；二是部分分布在平地区也会引发农林争地、许多社会经济问题和生态问题。耕地补充空间越来越小，粮食安全风险升高，人地矛盾进一步激化。

第五章　既有三类空间划定与管控方法集成

第一节　永久基本农田划定与管控技术方法

一、永久基本农田划定历程

（一）划定意义

耕地是农业生产中最基本的物质资源[34]，是我国最为宝贵的资源，而永久基本农田作为耕地中最精华的部分，是国家提高粮食安全保障能力和重要农产品供给、保障农民土地权益的切实需要[35]，也是落实粮食安全、乡村振兴、生态文明建设等国家战略的重大举措。此外，科学合理划定永久基本农田对优化城市空间布局和形态、发挥城市周边耕地生态功能及景观功能具有现实意义。

（二）划定背景

我国的永久基本农田划定工作已有一定的基础。1998 年 12 月，国务院发布《基本农田保护条例》，自此我国开始实行基本农田保护制度。从 1999 年至 2010 年，开始第一轮基本农田的划定，鉴于当时技术规程还在探索阶段，划定技术相对不够成熟，形成了第一轮较为粗泛的基本农田划定成果，存在偏主观、重数量、缺乏空间定位与生态要求的问题。直到 2011 年《基本农田划定技术规程》通过全国国土资源标准化委员会审查，除永久基本农田划定的目标任务、实施主体外，《规程》还规范了永久基本农田划定的技术方法及相关要求，在技术层面上确保永久基本农田落地，强化了永久基本农田划定的实操性。2015 年原国土资源部开始了第二轮永久基本农田划定工作，此次划定工作基本完成了“落地块、明责任、设标志、建表册、入图库”等各项任务，于2017年全面完成划定工作。由于国土资源、农业部门与农村承包集体对永久基本农田统计方法和口径不一，导致永久基本农田还存在基础数据不够精准、规划衔接不到位的情况。至此，我国永久基本农田保护工作已走过20余年的发展历程，虽已形成一系列较为成熟有效的划定技术方法、管控措施及管理经验，但还存在永久基本农田“上山”“下水”“进村”的尴尬现象，形态布局上出现“远、边、散”的情况[36][37]。在新的国土空间规划背景下，永久基本农田划定应协调与生态保护红线、城镇开发边界的空间矛盾冲突，兼顾保护与发展，统筹布局农业生态空间，确保三条控制线不交叉、不重叠、不冲突，保证全国耕地和永久基本农田真实可靠、规模不减少、质量不降低、布局更优化。

二、永久基本农田划定关键技术

（一）划定要求

衡量永久基本农田划定工作的标准主要在数量、质量以及空间布局上，国家对永久基本农田的划定要求及目前对于永久基本农田划定研究也主要集中在这三方面[38]。

数量上，按照国家要求，一般优先将已建成的高标准农田、粮食生产功能区内耕地以及城镇周边、交通沿线优质耕地划入永久基本农田。在考虑城镇化水平、农业生产水平以及社会经济发展水平的基础上，综合测算区域内永久基本农田划定数量，确保调整划定后的永久基本农田起到维护粮食安全的重要作用。

质量上，需要结合耕地质量等级评价数据、资源承载能力评价及国土开发适宜性评价数据，在耕地立地条件、耕地生产功能、耕地生态景观功能等方面构建评价指标体系，通过多因素综合评价、LESA综合评价、多功能理论综合评价等方法，将优质耕地划入，确保拟划定永久基本农田的耕地平均质量等别有所提高、耕地坡度小于15°的耕地比例有所增加、耕地坡度在25°以上的耕地比例有所下降。

空间布局方面，通过ArcGIS的农用地连片性分析技术、空间聚类方法，优化永久基本农田空间布局，使划定后的永久基本农田与城镇周边的河流、山体、绿带等共同形成生态屏障，进而形成城镇开发的实体边界，防止城市空间无序蔓延，确保土地集约利用程度提高、城镇空间布局优化。

（二）划定理念

1. 保持生态、资源、经济协调发展

在绿色发展理念及全面实施乡村振兴战略的要求下，永久基本农田不仅具有农业生产的重要功能，还具备一定的产业融合发展、生态景观功能，其布局对于城镇

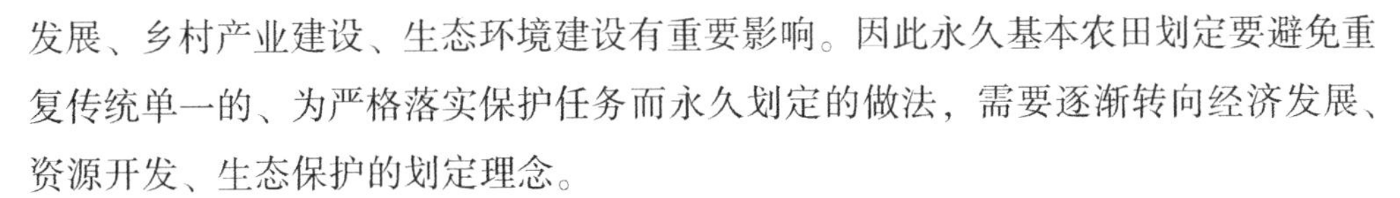

发展、乡村产业建设、生态环境建设有重要影响。因此永久基本农田划定要避免重复传统单一的、为严格落实保护任务而永久划定的做法，需要逐渐转向经济发展、资源开发、生态保护的划定理念。

2. 兼顾耕地保护和“多规合一”需要

作为三条控制线之一，永久基本农田保护划定是国土空间规划的重要内容，是国家落实耕地保护制度的客观需要。因此，要按照“多规合一”的空间规划要求，统筹布局农业生产空间，按质按量落实到地块，满足国家对耕地保护的需要。同时，其布局应与主体功能区战略相符，协调处理与生态保护红线、城镇开发边界之间的矛盾。

3. 力求保持永久基本农田布局稳定

由于耕地自然生态系统具有稳定性、长期性、连续性，永久基本农田的空间布局也应具有相对稳定性，一经划定，空间布局需严格锁定。在划定或调整过程中，应遵循“总体稳定、局部微调”的原则，在资源环境承载能力及国土空间开发适宜性评价的基础上，基于原有的划定基础，局部进行细化和调整，避免大范围整改补划。

（三）基础资料收集

具体包括2017年永久基本农田数据库、耕地质量等级调查评价、耕地分等定级调查评价、第三次全国国土调查、2020年土地利用变更调查、资源环境承载力评价和国土开发适宜性评价、遥感影像、不稳定耕地、地质灾害易发程度、生态保护红线、城镇开发边界、石漠化检测、水土流失空间分布、土地污染空间分布、退耕还林等数据。

（四）划定步骤

1. 永久基本农田初步划定

永久基本农田划定包括城市周边永久基本农田和其他一般耕地区永久基本农田的划定。主要的划定方式是通过对耕地进行综合质量分析和空间布局分析，根据上级规划下达指标进行永久基本农田的初步调整，再对调整的永久基本农田进行合理性分析和实地勘察，最终确定永久基本农田保护范围。综合考虑耕地的利用状况、多规地块冲突和耕地综合质量等级以及政策法规要求，对城市周边和其他耕地区永久基本农田划定采用不同的技术方法：

（1）考虑地表的实际地物和利用状态，针对土地利用变更调查中表达为耕地而通过遥感影像、地理国情普查、实地调研等手段核实的地表实际地物为不透水层、坑塘水面、建筑物、公路、森林植被等图斑予以剔除；

（2）综合叠加国家公益林、河道管理区、城乡建设、水源保护区、生态退耕等规划数据，对不符合用途管制规则和预留的开发用地予以退让；

（3）将城镇周边利用等指数（国家利用等指数）高于区域平均值的耕地划定为城镇周边永久基本农田，对未划入永久基本农田的城镇周边优质耕地要提供合法举证材料；

（4）从耕地质量条件、交通区位条件、农业生产条件和地块空间形态等方面构建多因素综合评价指标体系，综合测算耕地质量等级和地力等级，按照由高到低的顺序，将尚未划为永久基本农田的质量等别达到本县（市、区）平均水平以上和地力等级中等以上的现有耕地优先划为永久基本农田，直至划定规模符合上级下达的任务要求；

（5）对划定后的成果通过质检软件进行质检，确保无误后提交上级部门审查。

2. 永久基本农田细化调整

现阶段根据《自然资源部农业农村部关于加强和改进永久基本农田保护工作的通知》（自然资规〔2019〕1号）要求，要全面开展划定成果核实整改，对永久基本农田进行整改补划。首先，在2017年永久基本农田划定的基础上，结合耕地质量等级调查评价、耕地分等定级调查评价、第三次全国国土调查、资源环境承载力评价和国土开发适宜性评价数据，根据上级规划下达永久基本农田保护任务，将不符合《基本农田划定技术规程》要求的非耕地、河道两岸堤防不稳定耕地、灾毁无法复垦耕地、受污染无法恢复耕地以及错划入永久基本农田的其他土地划出。同时，将永久基本农田外集中连片、质量等级高的优质耕地补划入，与生态保护红线、城镇开发边界协调后，最终得到永久基本农田划定成果。划定调整流程[39]如图5－1所示。

（五）主要划定技术研究方法

目前国内基本农田划定技术研究主要集中在耕地质量评价等生产功能方面，具体包括预测基本农田需求数量，综合耕地自然质量、利用水平、区位和政策条件等因素建立评价体系，从耕地立地条件、交通区位、农业生产、空间形态、政策等方面筛选指标。除生产功能评价以外，部分研究结合耕地生态功能、景观功能进行综合性的多功能评价。本研究用多因素综合评价法、LESA综合评价体系、多功能理论综合评价法几种常用的研究方法进行分析。

1. 多因素综合评价法

多因素综合评价法往往在遵循综合性、科学性、代表性、可获得性等原则的基础上，从永久基本农田作为“保粮田”的现实意义出发，选取土壤肥力、坡度、

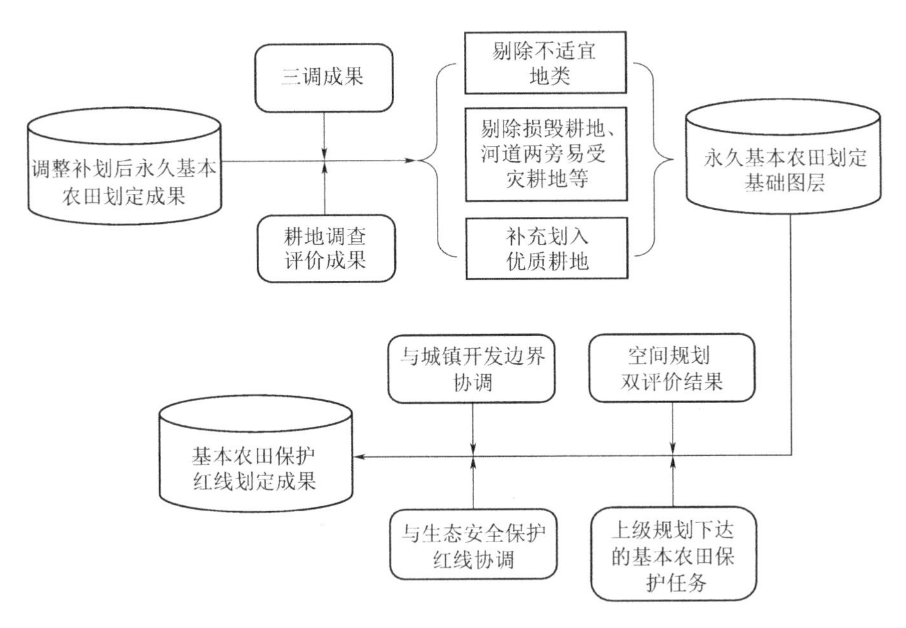

图 5-1　划定调整流程图

连片性、交通区位、水利基础设施水平等指标[40]，构建基本农田评价指标体系，如图 5-2 所示。

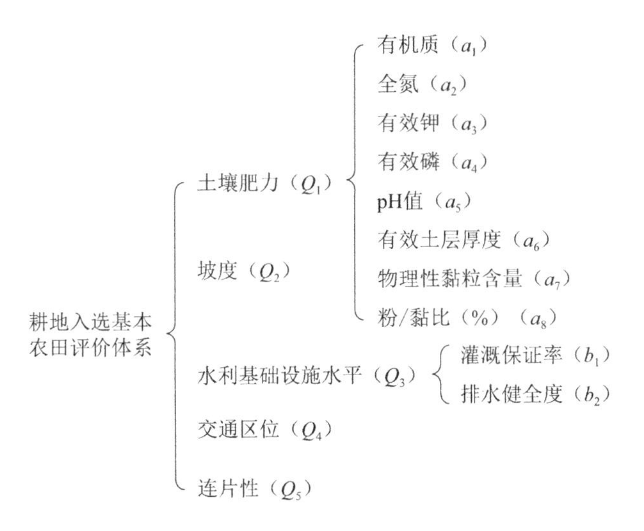

图 5-2　耕地入选基本农田评价体系

各指标分值的计算：

土壤肥力（Q_1）：包括有机质、全氮、有效钾、有效磷、pH 值、有效土层厚度等因子[41]。根据国内外对土壤肥力评价的研究结果，土壤肥力指标评价因子的权重结果如表 5-1 所示。

土壤肥力指标评价因子权重值　　表5-1

评价因子	权重
有机质（a_1）	0.2
全氮（a_2）	0.2
有效钾（a_3）	0.1
有效磷（a_4）	0.1
pH值（a_5）	0.1
有效土层厚度（a_6）	0.1
物理性黏粒含量（a_7）	0.1
粉/黏比（%）（a_8）	0.1

因此，获得土壤肥力指标分值公式为：

$$Q_1 = \sum a_i \times w_i$$

坡度（Q_2）：根据国家有关“退耕还林”政策的规定，25°以上的坡地将全部退耕还林；而对于小于5°的农田，一般都要作为基本农田；介于5°~25°之间的坡地，可根据坡度大小的实际情况（1-X/25）来确定基分值。坡度指标分值的计算公式为：

$$\begin{cases} 0, & X \geqslant 25° \\ 1-\dfrac{X}{25}, & 5°<X<25° \\ 1, & 0 \leqslant X \leqslant 5° \end{cases}$$

式中，Q_2——坡度指标分值，X——耕地坡度。

水利基础设施水平（Q_3）：主要选取灌溉保证率及排水系统健全程度两项指标来反映。灌溉保证率反映耕地及水资源利用程度，排水系统健全程度体现抗御自然灾害的能力。两项指标来源可由实地调研获得，权重则需根据不同地区分别确定。如干旱地区灌溉保证率权重大，排水系统健全程度权重小。确定平原地区的灌溉保证率为权重 $w_1=0.6$，排水健全程度 $b_2=0.4$，即 $Q_3=\sum b_i \times w_i$。

交通区位（Q_4）：根据《基本农田保护条例》的规定，铁路、公路等交通沿线，城市、集镇和村庄地区周边的耕地，应当优先划入基本农田保护区。农田区位条件主要根据离村庄的距离来赋值。离村庄的距离在2km及以下时，认为其区位条件非常好，而在10km及以上时，其区域条件非常差。因此，农田区位条件指标分值可按下式进行计算：

$$\begin{cases} 0.1, & X>10\text{km} \\ 1-\dfrac{0.9(X-2)}{8}, & 2\text{km}<X<10\text{km} \\ 1, & X\leqslant 2\text{km} \end{cases}$$

连片性（Q_5）：永久基本农田除了以上的条件外，需要有一定的经营规模。土地经营规模程度主要指农用地的连片程度 Q_5。其指标分值计算为：

$$\begin{cases} 1, & X\geqslant 3333\text{hm}^2 \\ 1-\dfrac{0.9(3333-X)}{3267}, & 67\text{hm}^2<X<3333\text{hm}^2 \\ 0.1, & X\leqslant 67\text{hm}^2 \end{cases}$$

最后确定各指标分值权重。常用方法有特尔菲法、因素成对比较法、主成分分析法、回归分析法、层次分析法或田间试验法。

多因素综合评价法优缺点：

综合考虑了耕地的土地质量、交通条件、连片性及水利基础设施等条件，避免了以往在划定基本农田的实际操作中，把满足建设用地放在第一位，将一些偏远、地形复杂、水土质量差的耕地划为基本农田的问题，建立了较科学的划定基本农田指标体系。但在构建指标体系时，只从耕地的综合条件考虑，未能分层次考虑影响耕地的生态、景观等其他条件，指标体系的科学性还有待更深入挖掘。

2. LESA 综合评价体系

LESA 模型源于美国，20 世纪 80 年代，美国农业部从立地条件对农业发展的重要性的角度出发，提出了“土地评价和立地分析系统”[42][43]（LESA）。该方法由土地评价系统（LE）和立地分析系统（SA）两部分组成，综合考虑农地的生产能力和区位、土地利用规划等非土壤因素来进行农地评价。目前，国内已建立了完善的农用地分等体系，该体系中自然等实质条件反映了农用地自然生产条件的优劣，与 LE 具有相同的本质和目的。因此，国内不少学者将 LESA 模型纳入永久基本农田划定中，分别进行耕地质量评价和立地条件评价，在此基础上，构建永久基本农田划定指标体系。

LESA 体系构建思路：

首先进行评价单元的划分，依据耕地自然性状与社会经济性状相对一致的独立耕地单元，将研究区域划分为多个评价单元，如以耕地图斑作为评价单元。

LE 反映土壤主体特征的耕地自然质量条件，指标选取主要包括有效土层厚度、表层土壤质地、土壤有机质含量、土壤酸碱度、地形坡度、地表岩石露头状况[44]。

由于各指标的性质和量纲不同，在进行对比分析前，要对各指标进行标准化处理，以消除量纲的影响。有效土层厚度、表层土壤质地、土壤有机质含量、地形坡度、土壤酸碱度、地表岩石露头状况参考农用地质量分等规程进行直接赋值。各指标权重主要采用特尔菲专家打分法，详见表 5-2 所示。

耕地质量评价因素作用分及权重 **表 5－2**

因素	因素名称	因素分级值	因素作用分	权重
耕地质量评价因素	有效土层厚度/cm	≥150	100	0.27
		100～150	80	
		60～100	60	
		30～60	40	
		30 以下	20	
	表层土壤质地	壤土	100	0.08
		黏土	80	
		砂土	60	
		砂质土	40	
	土壤有机质含量/%	≥4	100	0.08
		4～3	90	
		3～2	80	
		2～1	70	
		1～0.6	60	
		<0.6	45	
	地形坡度/°	<2	100	0.14
		2～5	90	
		5～8	65	
		8～15	45	
		≥15	10	
	土壤酸碱度（pH）	6.0～7.9	100	0.23
		5.5～6.0，7.9～8.5	90	
		5.0～5.5，8.5～9.0	75	
		4.5～5.0	60	
		<4.5，9.0～9.5	30	
		≥9.5	10	
	地表岩石露头/%	<2	100	0.2
		2～10	90	
		10～25	70	
		≥25	40	

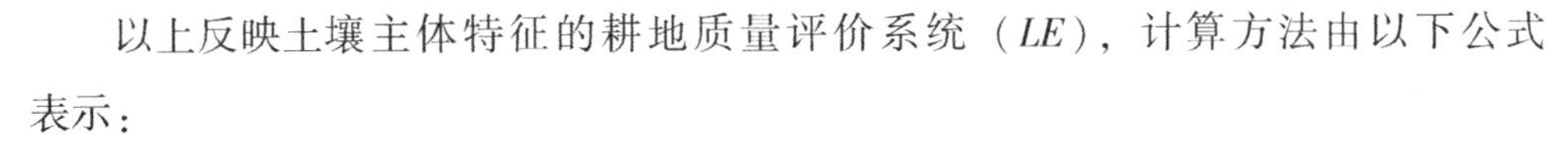

以上反映土壤主体特征的耕地质量评价系统（*LE*），计算方法由以下公式表示：

$$LE = \sum_{j=1}^{n} W_{ij} \cdot U_j$$

式中，*LE* 为耕地质量评价的得分；W_{ij} 为第 i 个评价单元第 j 个评价因素的分值；U_j 为第 i 个评价单元第 j 个评价因素的权重；n 为指标个数。

SA 主要是进行立地条件评价，反映农用地所处环境的社会经济条件[45]，强调耕地的稳定性，体现土地保持农业用途的环境可行性，可从区位条件、耕作条件、耕地利用状况等方面构建 SA 指标体系，其中区位条件主要通过道路通达度和农贸市场影响度反映，耕作便利条件主要通过耕作道路网密度、耕作距离反映，耕地利用状况主要通过耕地利用现状和利用方式反映，衔接了农用地分等成果（表 5－3、表 5－4）。

耕地立地条件因素作用分及权重　　表 5－3

因素	因素名称	因素分级值	因素作用分	权重
立地条件因素	土地利用方式	菜地	100	0.2
		水浇地	80	
		旱地	60	
	道路通达度	—	—	0.2
	农贸市场影响度	—	—	0.25
	耕作便利度	—	—	0.35

耕地立地条件影响因素作用分值计算公式　　表 5－4

因子或评价指标	扩散半径	相对距离	因素作用分值衰减方式或赋值方法
农贸市场影响度	$d=\sqrt{s}/n_i\pi$	$r=D_1/D$	$f_i=M_i\ (1-r)$
道路通达度	$d=s/2L$		
耕作便利度	—	—	$f_i=100\ (x_i-x_{min})\ /\ (x_{max}-x_{min})$
土地利用方式	—	—	依据经验定性赋分

注：*d*—影响因素扩散半径；*r*—影响因素相对距离；D_1—影响因素实际距离；*D*—影响因素影响半径；f_i—因素作用分；M_i—规模指数；x_i—面状因素现状；x_{min}—面状因素最小值；x_{max}—面状因素最大值；*s*—影响因素作用区域面积；*L*—该区域内道路长度；n_i—第 i 个作用区域。

反映耕地立地条件的 *SA* 体系可由以下公式表示：

$$SA = \sum_{j=1}^{n} H_{ij} \cdot F_j$$

式中，H_{ij} 为立地条件评价中第 i 个评价单元第 j 个评价因素的分值；F_j 为第 i 个评价单元第 j 个评价因素的权重；n 为指标个数。

在构建 *LESA* 体系过程中，有学者增加了水利基础设施密度、耕地图斑形状指数、耕地连片性、建设用地扩展速度等指标，通过增加评价地块自身因素、社会经济等条件，更能全面反映耕地的稳定性和长久性。

LE 体系和 *SA* 体系之间权重比例关系可根据不同的管理目标和价值取向确定。不同的研究中运用不同的权重确定方法，常用的有专家打分法、主成分分析法、多因素综合评价法、特尔菲等方法。最终，*LESA* 体系可由如下公式表示：

$$LESA = a \cdot LE + b \cdot SA$$

$$a + b = 1$$

式中，*LE*——耕地质量评价分值；*SA*——耕地立地条件评价分值；a，b——两者的权重值。*LESA* 分值越高，说明该基本农田越具有良好的自然质量条件，对社会经济具有更高的适宜性，同时更具稳定性和永久性。

LESA 评价体系的优点和局限性：

LESA 体系较好地反映了农地保护的长期稳定性和可持续生产能力，将评价指标同时输入评价模型进行评价，具有简单易行、直观等优点。但构建指标体系时，仅从耕地的自然质量条件和立地条件考虑，缺少考虑基本农田特定的价值功能和生态功能，如基本农田对城市的景观功能、对社会特定的历史文化价值以及对环境的生态服务功能等因素尚缺乏综合考量。

3. 多功能理论综合评价法

耕地除满足农产品的供给外，对于生态系统调节、旅游休憩、景观欣赏等有重要作用。因此，仅从生产功能对耕地质量进行评价以及永久基本农田的划定难以满足现在的要求。多功能理论综合评价法结合考虑耕地生产功能、生态功能以及景观功能特性，从三个方面进行耕地的多功能评价，最终结合耕地的集中连片性，进行永久基本农田的划定。

（1）耕地生产功能评价

目前此类评价多基于耕地的自然和立地条件，通过建立评价指标体系进行研究[46]。主要包括基础肥力、土壤质地、有机质含量、耕作层厚度、灌溉保证率、排水条件和海拔等多项耕地自然质量指标，以及耕作距离、农村道路通达度、交通便利度三个耕作条件指标，采用层次分析法和熵权法确定各指标权重，最后采用加权求和法对各耕地图斑的生产功能综合得分进行计算，得到耕地生产功能结果。

（2）耕地生态功能评价

目前耕地的生态功能主要体现在生态系统服务价值中，具体采用 Costanza、谢高地等人提出的生态服务价值当量来计算[47][48]。具体看来，生态服务价值当量主要从土壤保持、涵养水源等生态系统服务功能和耕地生态系统稳定性两个方面选取影响因子，具体包括坡度、降水量、蒸散量、耕地子类别和耕地空间形态五个因子来综合反映。各指标因子来源及计算如表5－5所示。

耕地生态功能综合评价指标体系　　表5－5

序号	指标因子	指标说明	指标来源	单位
1	坡度	坡度越大的耕地越容易发生水土流失现象	由DEM提取	°
2	降水量	反映耕地的持水能力	气象观测站观测数据	mm
3	蒸散量	反映耕地的持水能力	通过Thornthwaite法进行计算	mm
4	耕地子类别	细分为水田、旱地和水浇地三类[49]	三者的生态系统服务总价值分别为7526.8元/hm^2，6114.3元/hm^2，7973.4元/hm^2，比值分别为1：0.81：1.05	—
5	耕地空间形态	分为核心区、边缘区、孔隙和孤岛四类	利用耕地形态学空间格局分析模型，把耕地斑块转为二值栅格数据，再进行腐蚀运算和膨胀运算	—

计算过程中，需对以上因子进行分值量化，采用层次分析法与熵权法相结合的方法设定权重，形成耕地生态功能综合评价指标体系，最后采用加权求和法对各耕地图斑的生态功能综合得分进行计算，得到耕地生态功能分值。

（3）基于*MCR*模型的耕地景观美学功能评价

耕地具有形态美、空间美和色彩美，本研究运用最小累积阻力（*MCR*）模型[50]，将耕地美学、休憩等元素从“源”经过不同阻力的景观所耗费的费用到“汇”克服不同阻力所作的功，去反映耕地景观美学在空间上扩散的难易程度[51]。最小累积阻力（*MCR*）模型常见用于土地演变、适宜性、景观通达性、生态安全格局构建等分析[52]~[55]。具体计算公式如下：

$$MCR=f_{\min}\left(\sum_{j=n}^{i=m} E_{ij}\cdot R_{i}\right)$$

式中，*MCR*代表最小累积阻力值；$f_{\min}$表示空间中任一点的最小阻力与其到所有源的距离和阻力面特性的正相关关系；E_{ij}表示耕地景观美学传播从源j到景观单元i的空间距离；R_i是景观单元i对美学传播的阻力。最小累积阻力模型从本质上是一种加权的耗费距离计算，反映了物质能量扩散过程中克服阻力的程度，模型中的耗费距离代表的是不同点之间的相对空间关系，并不是度量上的距离概念，也不代表实际距离，这种相对关系是基于目标单元穿越不同的景观单元时计算的阻力系数。

以上耕地生产功能、生态功能、景观功能结果之间不能简单进行加权叠加，需要基于耕地多功能相互作用机理，基于三维魔方[56]，以耕地生产功能、生态功能、景观功能分别作为X、Y、Z坐标轴，建立三维坐标体系，进行综合评判。

耕地多功能理论综合评价法优点及局限：

耕地多功能理论综合评价法结合耕地的生产功能、生态功能、景观功能进行评价，较好地考虑了耕地的多功能性，评价方式较为科学合理。但在各功能进行评价时，难免存在影响因子考虑不周的情况，如生态功能评价中，仅选取了五项因子进行评估分析，还需要进一步探索更为完善的耕地生态功能评价指标体系。

（六）永久基本农田管控技术方法

1. 继续实行永久基本农田“五不准”

永久基本农田一经划定，各地不得擅自修改永久基本农田布局。应依法对永久基本农田实行“五不准”原则：

不准植树造林、开展林粮间作以及超标准建设农田林网；不准以农业结构调整为名，在永久基本农田内挖塘养鱼、建设用于畜禽养殖的建筑物等严重破坏耕作层的生产经营活动；不准违法占用永久基本农田进行绿色通道建设；不准以退耕还林为名违反土地利用总体规划，将永久基本农田纳入退耕范围；除法律规定的国家重点建设项目以外，不准非农建设项目占用永久基本农田。

2. 实行永久基本农田分级保护管理

探索永久基本农田分级保护机制，将永久基本农田保护分为两个层级，均由国家层面进行管理，涉及农转用或土地征用的，需经国务院批准。将连片集中优质耕地纳入永久基本农田核心区作为一级保护的永久基本农田。一级永久基本农田保护区经依法划定后，由国家层面进行管理，实施严格保护，任何单位和个人不得改变或占用。县级层面一级永久基本农田的数量和质量应维持基本稳定，数量不得低于区域永久基本农田的70%。国家能源、交通、水利、军事设施等重点建设项目选址确实无法避开一级永久基本农田保护区，需要占用永久基本农田的，需对其合理性进行严格论证并编制补划方案。二级永久基本农田保护区经依法划定后，允许国家及自治区级的能源、交通、水利、军事设施等重点建设项目合理占用，但也需对其合理性进行严格论证并编制补划方案。

3. 加大对重大基础设施的衔接核定

对重大项目进行科学选址，尽量避开优质耕地和永久基本农田，公路项目在选址过程中，要注重建立科学的资源节约观，统筹规划交通发展的规模，节约利用土地资源，在交通量最大、线路最短、占用耕地最少之间寻求平衡，严格按照公路建设用地标准对用地规模进行审查，鼓励利用旧路改扩建，充分利用荒地、废弃地，减少基础设施对耕地和永久基本农田的占用。

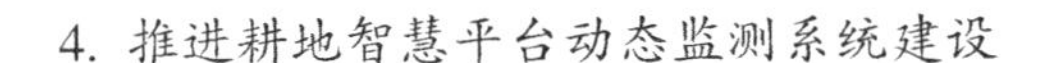

4. 推进耕地智慧平台动态监测系统建设

建立土地调查监测体系和耕地质量监测网络，实时跟踪耕地变化情况，开展耕地质量年度监测成果更新，探索构建耕地分类保护体系[57]。推进智慧耕地平台建设，建立“天上看、地上查、网上管”立体监管网络，对耕地和永久基本农田实行全天候动态监测，完善执法监督，对违法占用耕地和永久基本农田行为严肃追责问责。

5. 建立健全永久基本农田保护激励机制

研究制定永久基本农田优惠、补偿政策，根据地方资源禀赋及地区经济发展情况制定具体的补偿方式，强化种粮农民经济收益保障[58]。实行永久基本农田保护责任制，将永久基本农田保护执行情况纳入年度干部绩效考核体系，充分发挥基层保护基本农田积极性。

第二节　城市开发边界划定与管控技术方法

改革开放以来，随着我国社会经济的快速发展，城镇建设用地扩张速度远超城镇人口增长速度。为了进一步控制城市的无序蔓延，缓解生态破坏、交通拥挤所带来的发展压力，2006 年我国在颁布的《城市规划编制办法》中首次提出要研究中心城区的空间增长边界，随后，2013 年的中央城镇化工作会议上明确提出要划定每个城市特别是特大城市的城市开发边界，下一年便选择包括北京、上海、杭州等在内的 14 个常住人口 500 万以上的城市作为首批试点开展城市开发边界划定，由此城市开发边界划定的研究工作逐渐展开。党的“十九大”报告明确提出要完成生态保护红线、永久基本农田和城镇开发边界的划定工作，此后，随着“多规合一”的国土空间规划工作开展，城镇开发边界的基本概念、划定原则、划定要求、划定技术流程等在规划政策中日益明确。

城镇开发边界在国土空间规划中划定，是指在一定规划期限内，因城镇发展需要可以集中进行城镇开发建设，完善城镇功能、提升空间品质的区域边界，涉及城市、建制镇以及各类开发区等。城镇开发边界的划定需坚持“生态、保护、安全”优先、尊重城镇发展规律、协调保护与发展的原则，要立足“双评价”成果，在地形地貌、生态保护、环境容量、永久基本农田等条件约束下，合理配置空间资源，优化城镇空间结构和功能布局，盘活存量用地和开发未利用地，推动城镇发展由外延扩张转变为内涵提升。

城镇开发边界可分为城镇集中建设区、城镇弹性发展区和特别用途区。其中，城镇集中建设区是结合城镇发展定位和空间格局，依据城镇建设用地规划方案，为满足城镇居民生产生活需要，划定的一定时期内允许开展城镇开发和集中建设的地域空间；城镇弹性发展区是为应对城镇发展的不确定性，在城镇集中建设区外划定的，在满足特定条件下方可进行城镇开发和集中建设的地域空间。在不突破规划城镇建设用地规模的前提下，城镇建设用地布局可在城镇弹性发展范围内进行调整，同时相应核减城镇集中建设区用地规模；特别用途区是为完善城镇功能，提升人居环境品质，保持城镇开发边界的完整性，根据规划管理需划入开发边界内的重点地区，主要包括与城镇关联密切的生态涵养、休闲游憩、防护隔离、自然和历史文化保护等地域空间。

一、基础资料收集

城镇开发边界划定需要收集的基础资料一般包括市县全域范围内的第三次全国国土调查、生态保护红线、永久基本农田、用地审批库、意向项目选址、稳定利用耕地、双评价、水源保护区、自然保护区、遥感影像、其他基础设施等数据资料，还有全国/省级主体功能区规划、市县城镇体系规划、市县土地利用总体规划、重点产业布局规划、产业园区规划等各类规划资料，以及人口、经济、生态环境等相关资料。

二、城市开发边界划定步骤

对于城镇开发边界的划定步骤，国家自然资源部和广西壮族自治区自然资源厅分别于 2020 年、2021 年先后发布了相关的规划指南和划定指导意见。根据自然资源部在 2020 年 9 月印发的《市级国土空间总体规划编制指南（试行）》，城镇开发边界的划定技术流程包括基础数据收集、开展评价研究、边界初划、方案协调、边界划定入库五个环节。其中，基础数据收集、开展评价研究这两个步骤和市级总规基础工作一起开展；边界初划是对已收集的基础数据和资料进行初步分析，在此基础上结合城镇发展定位、格局和规模初步划定城镇集中建设区、城镇弹性发展区和特别用途区；方案协调是城镇开发边界的划定要与生态保护红线、永久基本农田的划定方案进行协调，在划定过程中要尽量避让生态保护红线和永久基本农田这两条红线；边界划定入库是在完成上述步骤后，将城镇开发边界落到实地，明确行政边界、各类地理边界线等界线，将划定的最终成果结合高分辨率卫星遥感影像图、地形图等基础地理信息数据一并汇入国土空间规划数据库（图 5－3）。

2021 年 1 月，广西壮族自治区自然资源厅印发《广西壮族自治区城镇开发边

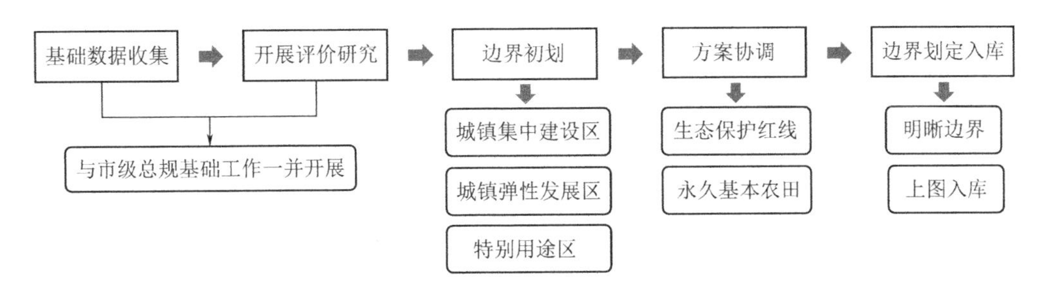

图 5－3　城镇开发边界的划定技术流程

界划定指导意见》，对城镇开发边界的划定要求进一步细化，主要包括“画底图、框底线、锁规模、优格局、划边界”五个方面：“画底图”是在自治区层面进一步完善双评价的基础上，各市县深化细化城镇潜力空间一张图；“框底线”是在画好城镇潜力空间一张图的基础上框定生态安全底线、粮食安全底线和国土安全底线；“锁规模”是要明确水资源利用上限，分析过去 15 年耕地、永久基本农田、建设用地（尤其是城镇建设用地）的总量、结构、分布等变化趋势，分析存量和低效用地潜力、城镇灾害风险、补充耕地潜力，落实城镇发展定位，在此基础上预测近期和远期的城镇建设规模；“优格局”即是要考虑生态保护红线和永久基本农田的约束性，优化城镇开发边界形态；最后，“划边界”就是要合理划定城镇集中建设区、城镇弹性发展区和特别用途区（图 5－4）。

三、城市开发边界划定方法与管控要求

国内外对于城市开发边界划定方法的研究有很多，总结起来主要分为三类，分别为控制法、增长法和综合法。

控制法体现的是底线思维，是逆向规划的一种运用，以保护生态底线为首要目的，将森林公园、饮用水源保护区、自然保护区、地质灾害高危区、生态公益林、自然岸线、湿地、风景名胜区等生态环境敏感、建设条件有限的不适宜建设区域划为城市扩张不可逾越的边界，以此倒逼划定城镇开发边界范围[59]。这种方法用城市发展的限制因素来划定城市适宜建设的最大范围，而限制因素一般是静态的，对城市本身的发展动力缺乏足够的分析，难以应对城市发展的不确定性[60]，较为适用于像深圳、上海、厦门这种城市发展趋于稳定、发展定位较高、发展前景好、区位优势明显、各类保护边界基本明确的城市。

增长法体现的是正向思维，以城市发展内在需求为导向[61]，将城市建设用地当作一个不断增长的有机体，综合分析经济、人口、资源、区位等因素后，通过构建模型来模拟城市扩展，并基于模拟结果来确定未来城市的空间布局，进而划定城

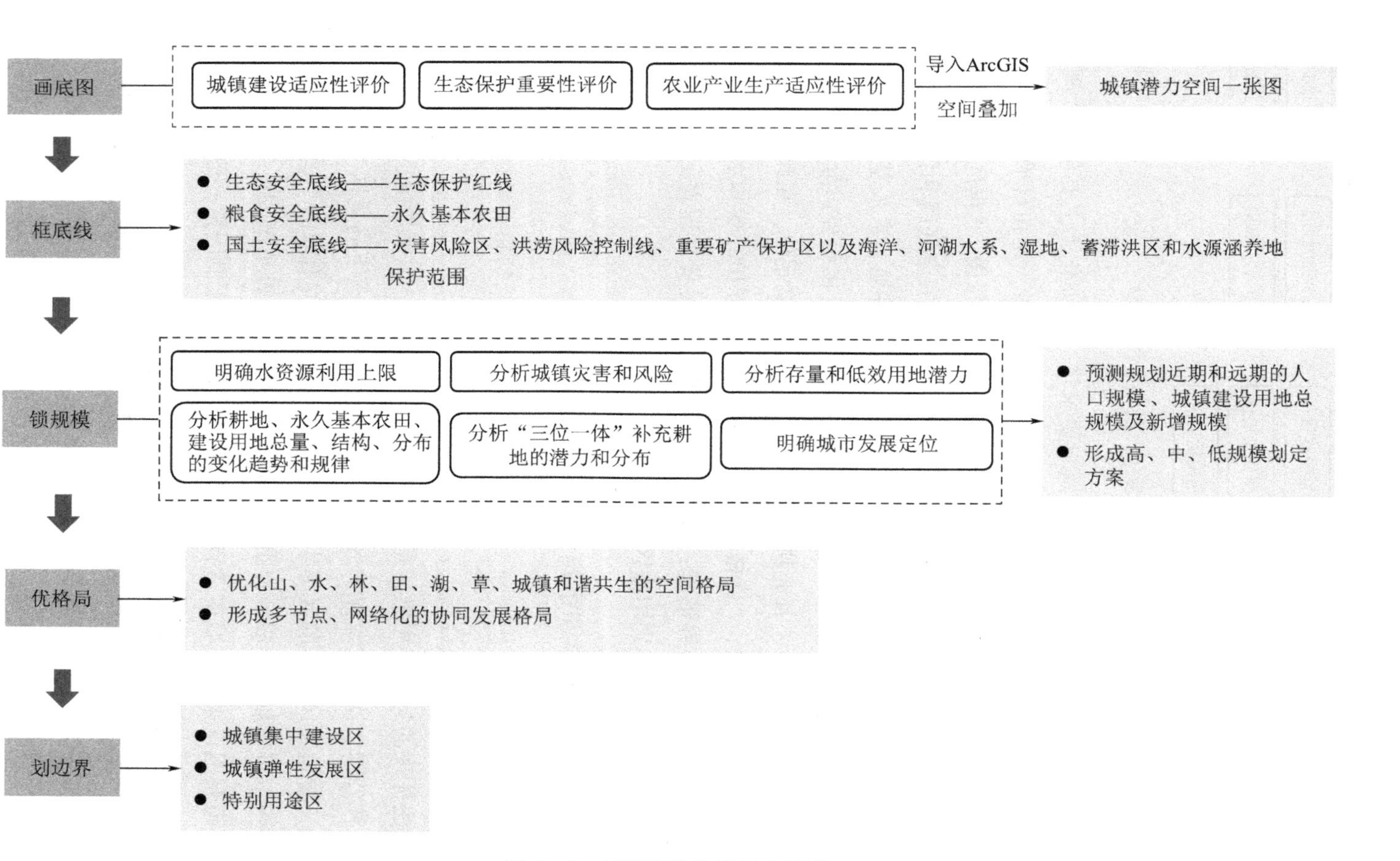

图 5－4　城镇开发边界划定要求

市开发边界。这类方法适用于正处于快速发展阶段、有较大用地需求的城市，侧重于引导城市在规划期内的开发建设。缺点在于这类方法过于强调自下而上的城市发展，容易忽略自上而下的城市规模控制和规划政策影响，对空间政策调控和土地供需等因素欠缺考虑[60]。

综合法是兼顾了以上两类方法的控制性和预测性，先是运用反向思维，通过建设适宜性评价来确定限制城镇扩展的区域和适宜城镇建设的区域，然后再用正向思维，结合自然资源、政策、经济、交通等因素，运用模型对城镇建设用地扩展进行模拟预测，通过情景设置约束城市扩展范围，在建设适宜性较高的地区划定城市开发边界。这类方法一般适用于需要同时划定刚性和弹性开发边界的城市，并且较多采用指标评价和模型，对具体的空间位置容易忽视。

（一）控制法

控制法中常用的划定方法有土地生态适宜性评价法、生态安全格局构建法、生态基础设施构建法、最小累计阻力模型等。土地生态适应性评价法与生态安全格局构建法有一定的相似之处，都需要构建指标体系和进行指标综合，不同的是生态安全格局法的指标系统较为固定。生态安全格局法与生态基础设施构建法则具有较强的相似性，且一般都结合最小累积阻力模型一起使用，因此，可以将这两个方法归为一类[62]。

1. 土地生态适宜性评价法

土地生态适宜性评价以景观生态学为理论基础，前提是生态合理性，其评定是将生态规划的思想运用到土地适宜性评价当中，从生态保护和土地可持续利用两个角度，对不同土地利用方式的适宜度进行定量分析[63]。基于土地生态适宜性评价划定城市开发边界的步骤主要为五步：选择评价因子、分析生态因子、划分评价单元、综合评价生态适宜性、确定城市开发边界[64]，具体解释如下：

（1）选择评价因子：评价因子的选择要遵循系统性、主要因素、因地制宜和可操作性原则，根据实际情况以及数据的可获得性，因地制宜选择地形地貌、水域、植被、自然保护区、风景区等作为土地生态适宜性评价因子，构建土地生态适宜性评价指标体系，并确定量化标准。

（2）分析生态因子：首先可以采用层次分析法、专家咨询法或模糊数学法等方法确定因子权重。层次分析法可以确保各因子在确定相对重要性时的思维条理化、数量化，在一定程度上可以减少专家咨询法的随意性，利用层次分析法将选择好的评价因子建立两两判断矩阵，计算矩阵的平均一致性指标 CR=X，小于 Y，通过一致性检验和方根法计算各因子权重。

（3）划分评价单元：将评价因子、评价底图导入 ArcGIS，先对评价因子进行缓冲区分析，然后通过“创建渔网”将评价用地生成栅格网络，再结合各类评价因子，用 ArcGIS 加权叠加工具计算每个网格因子叠加分值，根据分值采用重分类工具生成生态适宜程度分级图。

（4）综合评价生态适宜性：综合评价生态适宜性的公式如下所示。

$$S_{ij} = \sum_{k=1}^{N} W(K) \times C_{ij}(K)$$

其中，S_{ij} 表示第 ij 格网上的综合生态适宜性；K 表示第 K 个生态因子；$W(K)$ 表示第 K 个生态因子的权重；$C_{ij}(K)$ 表示第 K 个生态因子在第 ij 格网上的适宜性分值。

（5）确定城市开发边界：根据综合评价生态适宜性结果，按照生态适宜性评价得分高低、生态敏感度高低和城市建设适宜性将土地适宜建设进行分级，从而确定城市开发边界范围。

用土地生态适宜性评价来划定城市开发边界的方法比较适用于快速城市化地区，特别是跨越式发展的城市，因为这类城市规模不能直接用传统的数据方法进行预测，并且城市的建设用地扩展和农用地、生态保护用地之间的矛盾较为突出，而土地生态适宜性评价法刚好可以凸显城市对生态保护和用地扩张的需求。但该方法也存在一定的局限性，该方法重点强调的是生态环境保护对城市用地扩展的限制，而且数据资料的可获得性、可替换性较高，所以对于那些城市发展规模稳定、生态保护压力较小的城市来说，城市开发边界的划定范围会偏大。

2. *生态安全格局构建法*

生态安全格局的本质是土地资源利用和保护格局，它是基于景观生态学中的“斑块—廊道—基质”理论和 ArcGIS 技术，通过识别和分析城市的水域、植被、生物保护多样性、地质灾害等自然生命保障系统的关键性格局，维持城市生态系统结构和过程的完整性，为给城市和居民提供综合生态系统服务提供保障[65]。生态安全格局法一般与最小累积阻力模型结合起来使用，因为最小累积阻力模型在模拟景观生态对水平空间运动过程的阻碍作用。基于构建生态安全格局来划定城市开发边界的思路为：先是数据资料收集和处理，然后分析各类生态安全格局并构建一个综合生态安全格局[66]，最后，结合综合生态格局和现状城市建设用地规模，运用最小累积阻力模型获得城市增长范围。具体操作如下：

（1）数据资料收集与处理：构建一个城市的生态安全格局需要的数据资料有土地利用现状数据和图件、航空影像图、地形图以及地质灾害、防洪调蓄、水源保护、生物保护、旅游休闲等数据和图件。处理过程为：先是利用 ERDAS 遥感分析软件将地形图、土地利用现状图、航空影像图和各类专题图件进行几何校正，统一投影坐标；然后将各类图件导入 ArcGIS 中利用转换工具将图件转换成矢量数据格式；最后按照土地利用分类标准将土地利用现状数据划分为耕地、园地、林地、草地、坑塘水面、沟渠、城镇建设用地、乡村建设用地、区域交通运输用地、其他建设用地等数据类型。

（2）生态安全格局分析：结合数据资料，利用 ArcGIS 对水资源、地质灾害、生物保护、旅游休闲进行分析模拟，得到高中低三种安全水平的水资源安全格局、地质灾害安全格局、生物保护安全格局、旅游休闲安全格局[67]。其中，水资源安全格局是运用 ArcGIS 中的距离分析工具、水文模块等对地表水源、洪水调蓄区、洪水淹没范围进行模拟分析，得到与地表水源距离、洪水调蓄区等级和洪水淹没区标准，将三个指标叠加得到高中低三种水资源安全格局；地质灾害一般与地形地貌、土地覆被等因素相关，因此将高程、坡度和土地覆被作为地质灾害安全格局的影响因子，按照划分标准对三个因子进行打分，并采用专家打分法或层次分析法对其赋予权重，最后将三个影响因子进行叠加得到地质灾害安全格局；生物保护安全格局即是将利用土地覆盖类型、坡度和到城镇建设区距离等指标来划分得到的植物保护安全格局和通过栖息地适应性分析等方法得到的动物保护安全格局进行空间叠加，进而得到生物保护安全格局；旅游休闲安全格局则是将城市中已建成的森林公园、风景名胜区等整合起来，通过缓冲区分析确定公园服务半径，进而得到旅游休闲安全格局。最后，将上述各类安全格局赋予同等权重并进行空间叠加，综合安全水平取各类安全格局的最低值，最终形成综合生态安全格局。

（3）建立模型获得城市增长范围：这一步以现状城市建设用地数据为基础，采用最小累积阻力模型（公式如下所示），把现状城市建设用地作为“源”[68]，将综合生态安全格局作为阻力因子，引进与主干道距离、与城镇中心距离、城镇邻域开发强度等推动城市增长的动力因子，采用专家打分法对阻力因子和动力因子进行打分，再利用 ArcGIS 中的距离分析工具和邻域分析工具对与主干道距离、与城镇中心距离、城镇邻域开发强度进行权重数据计算，然后将已赋值的各类因子进行叠加形成阻力面，利用 ArcGIS 距离分析工具中的成本距离分析，计算现状城镇建设用地到阻力面的最小累积成本距离，最后得到城市开发边界范围。

$$MCR = f_{\min} \sum_{j=b}^{i=a} D_{ij} \times Z_{i}$$

其中，f 为未知函数，D_{ij} 为目标单元从源 j 到空间某一点所克服阻力面 i，Z_{i}

是景观表面 i 对某种运动的阻力。

基于生态安全格局来划定城市开发边界，可以更科学地判别关键生态空间，划定城市增长的合理范围。该方法适用于建设用地缺乏、生态环境较为脆弱、发展空间有限的河谷型城市[66]，如兰州市、天水市、西宁市等。

（二）增长法

增长法最常用的技术方法有元胞自动机（CA）模型、约束性元胞自动机模型、人工神经网络模型、FLUS 模型、SLEUTH 模型、基于大数据的城市开发边界划定等。人工神经网络模型、FLUS 模型等本身具有较为复杂的运算系统，可以作为转换规则结合元胞自动机一起使用。约束性元胞自动机、SLEUTH 模型等为改进后的元胞自动机模型。以下主要分析元胞自动机模型和大数据方法对城市开发边界的划定研究。

1. 元胞自动机（CA 模型）/约束性元胞自动机

元胞自动机是由一系列模型构造的规则构成的时间和空间都离散的动力系统[69]，可以通过一些简单的局部转换规则来动态模拟复杂的城市空间格局变化，广泛应用于城市空间增长模拟、城市交通、地理空间分析、生态系统演变等研究工作中。其数学表达式为：

$$CA=(L_d,S,N,F)$$

其中，L 代表规则的格网空间，每一个格网就是一个元胞；d 代表格网空间的维数；S 代表元胞在复杂动态系统中离散有限的状态集合；N 代表格网中某一个元胞邻域的所有元胞状态；F 代表转换规则。

元胞自动机的基本构成包括元胞、元胞空间、元胞状态、转换规则、邻域和离散时间。在城市空间增长的模拟中，元胞代表一定大小的地块；元胞空间代表大量元胞构成的空间网格，一般应用较多的是一维和二维元胞空间；元胞状态代表耕地、园地、林地、建设用地等各种土地利用类型，在实践中可以用 1 表示建设用地，0 表示非建设用地；转换规则是元胞自动机模型的核心，反映了整个模型运行的数学逻辑关系，也决定了模型空间位置关系和数量变化以及模拟结果精度；邻域是指与待分析元胞相邻并按照一定规则确定的元胞集合，以半径 R 来确定元胞的邻居，R 越大，与待分析元胞相邻的元胞个数越多，一般使用四单元或八单元的诺依曼或摩尔邻域；离散时间是使元胞状态改变的重要指标之一，它是一个连续等间距的整数值。其基本运算法则为：一个元胞在下一个时刻 t+1 的状态是 t 时刻自身和周围邻近元胞离散状态结合转换规则的函数[70]，用数学公式表达为：

$$S^{t+1}=f(S^t,N^t)$$

其中，S^{t+1} 是元胞在 t+1 时的状态，S^t 是元胞在 t 时的状态，N^t 是 t 时刻元胞周围邻近元胞的离散状态，f 是转换规则函数。

传统的元胞自动机仅考虑邻域作用，而城市空间增长过程较为复杂，受地形、坡度、人口、经济、政策等不同影响因素制约，因此许多学者在研究中更倾向于通过引入不同的约束条件来模拟更为真实的城市空间增长过程。约束性 CA 模型则是这种引入约束条件后改进的元胞自动机，除了邻域约束外，还可以将自然条件、经济条件、政策制度等约束条件考虑进去，更贴近真实的城市增长。约束性 CA 模型的约束条件大致可分为四类，分别为近邻约束条件、宏观社会经济约束条件、空间约束条件和规划控制约束条件[71]。其中，近邻约束条件指周边城市的开发对城市自身的影响，即为元胞自动机中的邻域影响；宏观社会经济约束条件指经济、人口发展等城市发展的宏观因素，用于模拟城市开发总量和控制城市增长速度，在模型中就是每一个循环里面转换的元胞数量；空间约束条件指与人口集聚区、道路的可达性等；规划控制约束条件指政府对城市发展制定的各种规划和保护政策。

使用该方法所需要收集的数据资料有市县统计年鉴、国民经济和社会发展统计公报、土地利用现状数据库、市县国土空间规划、交通网络数据、影像图以及各类规划资料。

该模型的构建思路为：先在宏观层面根据政府的经济约束确定阶段性的待开发的土地总量，然后在微观层面运用约束性 CA 模型，引入空间约束、近邻约束和规划控制约束的空间变量，来模拟元胞的增长概率，同时模拟土地开发总量的空间定位，得到与土地开发总量相对应的空间分布[72]。约束条件可以选择的空间变量如表 5－6 所示。

约束性 CA 模型约束空间变量要素　　表 5－6

约束变量	影响要素
空间性约束变量	与各级城镇中心（中心城、新城）的最短距离
	与河流的最短距离
	与道路的最短距离
	与乡镇行政边界的最短距离
近邻约束变量	邻域内的开发强度（一般使用四单元或八单元的诺依曼或摩尔模型）
规划控制约束变量	城市规划
	土地等级
	禁止建设区
宏观社会经济约束变量	各年人口、经济、资源、环境等方面统计数据

元胞状态转换规则的选择一般采用多指标评价，具体公式为：

$$Area = \sum_{t} stepNum^{t} \tag{1}$$

$$C_{ij}^{t} = w_0 + w_1 f_{\_tam_{ij}} + w_2 f_{\_newcity_{ij}} + w_3 f_{\_town} + w_4 f_{\_road_{ij}} + w_5 f_{\_river_{ij}} + w_6 agri + w_7 f_{\_control} + wN \cdot neighbor_{ij}^{t} \tag{2}$$

$$P_{g}^{t} = \frac{1}{1+e^{-C_{ij}^{t}}} \tag{3}$$

$$P^{t} = \exp\left[\alpha\left(\frac{P_{g}^{t}}{P_{gmax}^{t}} - 1\right)\right] \tag{4}$$

$$for\ instepID = 1\ to\ stepNum \tag{5}$$

$$if P_{ij}^{t} = P_{max}^{t} then V_{ij}^{t+1} = 1$$

$$P_{ij}^{t} = P_{ij}^{t} - P_{max}^{t}$$

$$P_{max}^{t} update$$

$$next\ inStepID$$

其中，*Area* 代表元胞总量，*stepNum* 代表每次循环元胞增长数量，C_{ij}^{t} 代表其中一个元胞可以转换为城镇建设用地的适宜性，*w* 代表变量系数，$f_{\_tam_{ij}}$ 代表到中心城的距离，$f_{\_newcity_{ij}}$ 代表到新城的距离，$f_{\_town}$ 代表到乡镇的距离，$f_{\_road_{ij}}$ 代表与道路的最短距离，$f_{\_river_{ij}}$ 代表与河流的最短距离，*agri* 代表土地等级，$f_{\_control}$ 代表禁止建设区，$neighbor_{ij}^{t}$ 代表邻域开发强度，P_{g}^{t} 代表变换后全局概率，P_{gmax}^{t} 代表全局概率最大值，α 代表扩散系数，P^{t} 代表最终概率，*inStepID* 代表子循环，P_{max}^{t} 代表每次循环不同子循环内最终概率最大值，V_{ij}^{t+1}代表元胞状态。

利用约束性 CA 模型模拟城市增长的基本流程为：首先，将生态保护红线、永久基本农田、自然保护区、森林公园等在 ArcGIS 中叠加形成一张禁止城市建设底图；其次，根据不同的发展情景，考虑宏观社会经济条件、资源环境和城市未来发展需求，确定新增城镇建设用地规模，并将此规模细分为不同阶段需要转换的土地元胞数量；再次，运用 Logistic 回归分析法确定各个约束条件的空间变量，通过赋予权重、变权处理、综合判断等流程，计算得到城镇建设用地综合适宜性和非城镇建设用地元胞转换为城镇建设用地元胞的最终概率；然后，识别出非城镇建设用地元胞转换为城镇建设用地最大概率的元胞，同时将其更新为最大概率，重复步骤直到转换数量达到不同阶段的元胞增长规模；最后，重新计算元胞邻域的影响值，更新元胞转换为建设用地的最终概率，重复上一步骤，直到转换的元胞总面积达到需要转换的元胞总量，将模拟结果矢量化，去掉不适合开展城镇建设的地块，再根据相关规划约束得到城市空间增长范围[61]。具体如图 5－5 所示。

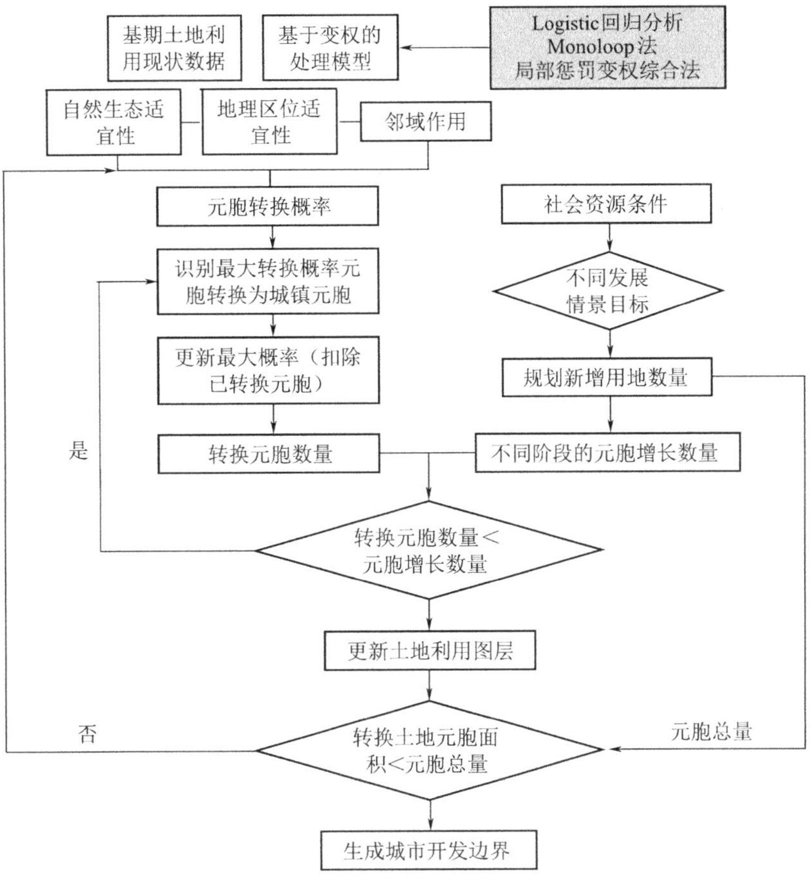

图 5－5　约束性 CA 模型模拟划定城市开发边界流程

动态模拟是元胞自动机最大的特点，它在探讨城市复杂性和空间变量之间复杂反馈关系中具有得天独厚的优势[73]，它可以根据现状用地位置调整底线空间的增长方向。模拟过程中，除了考虑对建设用地影响外，也将地形地貌、地质灾害等因子的影响考虑进来，在不同设定情境下模拟土地变化，得到的结果更为精准，被学者们广泛用于北京、广州、南京等城市的城市开发边界划定研究中。

2. 基于大数据的城市开发边界划定

随着大数据时代的到来，许多学者认为大数据为城市开发边界划定提供了新的思路和方法。人们使用社交网站、打车软件、外卖软件、购物网站等为商业、医疗、教育、文化等领域提供了大量的数据价值，在城市规划中，这些数据可以直观、精细地显示出居民实际活动状态和城市实际发展建设水平。与传统的土地利用数据、影像数据等相比，大数据具有量大、多源、类型广、动态强、价值低、处理速度快等特点，可以定量、精准和精细化研究城市规划问题。基于大数据来划定城市开发边界，可以通过Java、Python等技术语言在各类网站端口爬取所需的POI数据，利用ArcGIS对POI数据、基础设施线路数据进行深度分析，精准识别和构建城市活动空间，进而精确划定城市开发边界[74]。

该方法需要收集的数据主要有：遥感影像数据、交通网络数据（城市等级道路、公交线路、地铁线路）、城市服务设施数据（学校、医院、餐饮、娱乐等POI数据）、基础设施线路数据（供电线路、供热线路、通信线路等），以及人口、经济、行政区划、城市规划等数据。

利用大数据划定城市开发边界的流程如图5-6所示。

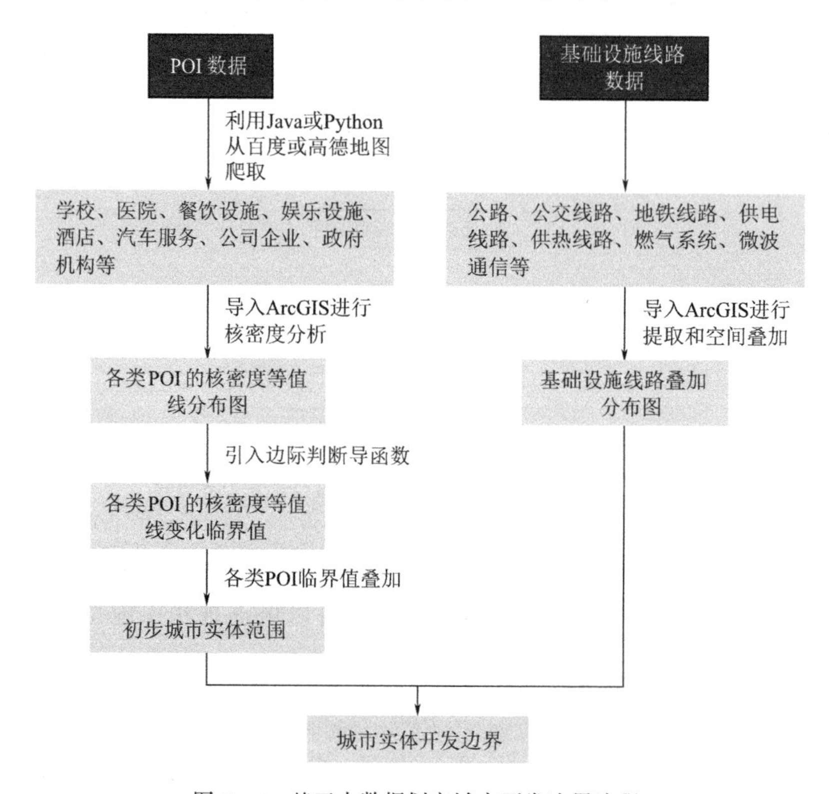

图5-6 基于大数据划定城市开发边界流程

大数据可以精准识别城市的各类用途功能分区，各类功能分区表现为居民活动的空间组合，在进行城市开发边界划定时，可以通过这种动态的城市特征去识别人口集中的中心区和人口分散的边缘区，进而判断城市的土地使用类型[75]。但利用大数据来进行城市开发边界的划定需要依托大量的数据，由于掌握数据的部门多且杂，在数据获取上存在一定的难度。

（三）综合法

综合法中常用的技术方法一般是用控制法中的方法与增长法中的约束性 CA 模型结合一起使用，如 EI－CA 模型、GIA－CA 模型、土地适宜性评价与 CA 模型结合等，下面主要介绍基于 EI－CA 模型划定城市开发边界的过程。

EI－CA 模型是一种改进后的约束性 CA 模型，是在对从城市空间扩张趋势进行预测时引入生态环境约束条件，在扩展潜力和生态约束下进行城市空间增长模拟。该模型以优先保护生态资源为目标，为解决城市建设用地和生态环境在空间上的相互竞争和相互制约问题，对生态用地重要性指数（*EI*）进行排序，将生态重要性指数高的生态用地划为不适宜开发建设的用地，生态重要性指数低的用地划为适宜开发建设区，对于生态重要性指数适中的用地，就要通过不断协调城市建设用地的内部扩展潜力和外部生态约束，再结合建设用地的规模约束条件，确定城市建设用地的扩展范围，从而划定城市开发边界[76]（图 5－7）。

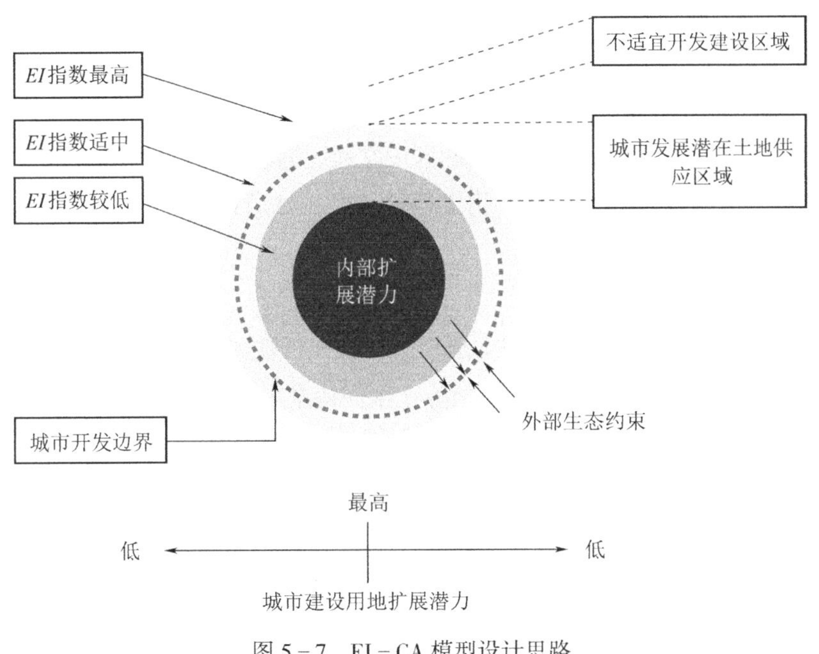

图 5－7　EI－CA 模型设计思路

EI－CA 模型是基于约束性 CA 模型引入生态约束条件而得到的，因此该模型的基本要素和约束性 CA 模型一样，都包括元胞、元胞状态、邻域、时间和转换规则。其中，元胞是指栅格数据中的一个单元；元胞状态是指土地利用类型，建设用地可以用 1 表示，非建设用地用 0 表示；邻域是一个元胞周围相邻的元胞状态，一般被定义为四单元或八单元的诺依曼或摩尔邻域；时间为迭代次数；转换规则是核心部分，是决定下一时刻元胞能否可以转换为建设用地的关键，一般用永久基本农田、生态保护红线等全局约束条件和城市各级行政中心、交通道路等区位约束条件以及邻域约束条件制定转换规则。

EI－CA 模型模拟流程为：

（1）数据收集与处理

主要有六类数据，分别为影像数据、矢量数据、自然地理数据、大数据、社会经济数据、空间规划数据（表 5－7）。

数据类型　　表 5－7

数据类型	具体数据
影像数据	遥感影像图、夜间灯光数据、数字高程模型
矢量数据	土地利用现状、行政区划、各级行政中心、交通路网、永久基本农田
自然地理数据	日降水量、土壤质地空间分布数据
大数据	微博签到、公交站点、地铁站点、医院、学校、商业服务业
社会经济数据	人口统计数据、地区生产总值数据
空间规划数据	市县国土空间规划

（2）城市建设用地扩展潜力评价

用夜间灯光数据、微博签到数据和区位交通、商服数据反演出人口密度、人口活动、经济变化和空间布局因子，构成评价体系，然后运用 Logistic 分析计算城市建设用地扩展潜力。

（3）生态用地重要性评价

首先，采用多因素分析，利用土地利用类型和植被覆盖度对生物多样性维持功能进行评价分析；运用土壤侵蚀方程估算土壤保持量来分析土壤保持功能；采用 InVEST 模型，结合土地利用类型进行碳储量评估，将以上三种评价结果叠加后得到综合生态系统服务功能评价结果。其次，利用夜间灯光数据构建人居指数，然后，对生态用地进行生态需求强度评价。最后，通过计算公式得到生态用地重要性指数。

$$EI_{ij}=ESI'_{ij}+RI'_{ij}=\frac{ESI_{ij}-ESI_{min}}{ESI_{max}-ESI_{min}}+\frac{RI_{ij}-RI_{min}}{RI_{max}-RI_{min}}$$

$$ESI_{ij}=Max(BD_{ij},SC_{ij},CS_{ij})$$

其中，EI_{ij} 代表生态用地重要性指数，ij 代表栅格，ESI'_{ij}代表归一化后的生态系统服务功能重要性评价等级值，RI'_{ij}代表生态需求强度评价等级值，BD_{ij} 代表生物多样性维持功能重要性指数，SC_{ij} 代表土壤保持功能重要性指数，CS_{ij} 代表固碳功能重要性指数。

（4）构建 EI－CA 模型

①确定研究区到目标年所需要转换的城市发展土地总量，计算每次循环需要转

换的元胞数和迭代次数；②根据生态用地重要性评价结果，设定生态安全阈值，选出大于生态安全阈值的具有重要生态功能的区域，作为不适宜城市建设空间，小于生态安全阈值的区域作为适宜城市建设空间，计算每个栅格单元的生态约束概率；③计算每个栅格单元的区位约束概率和邻域约束概率；④计算栅格单元的综合转换概率；⑤识别综合转换概率最大的元胞并转换为建设用地，更新土地利用图层；⑥以更新后的土地利用图层为基础，重复循环③④⑤步骤，直到转换元胞的总面积达到城市发展土地总量，最后输出模拟的城市开发边界。

具体流程如图 5 - 8 所示。

基于 EI - CA 模型模拟的城市开发边界划定结果基本符合城市未来的发展趋势，既考虑了城市建设用地的扩展，也考虑了生态资源环境的约束，能够更好地协调城市扩展和重要生态资源保护，以达到优化国土空间格局的目标。

（四）城市开发边界管控要求

1. 城镇开发边界内的管控要求

城镇集中建设区：城镇建设和发展要避让地质灾害风险区、蓄泄洪区等不适宜建设区域，不得违法违规侵占河道、湖面、滩地，不占或少占耕地。

城镇弹性发展区：在不突破规则城镇建设用地规模的前提下，城镇建设用地布局可在城镇弹性发展区范围内进行调整，同时相应核减城镇集中建设区用地规模。

特别用途区：原则上禁止任何城镇集中建设行为，实施建设用地总量控制；原则上不得新增除市政基础设施、交通基础设施、生态修复工程、必要的配套及游憩设施外的其他城镇建设用地。

2. 城镇开发边界外的管控要求

城镇开发边界外不得进行城镇集中建设，不再新增建设规模；不得设立各类开发区；严格控制政府投资的城镇基础设施资金投入。

允许建设交通、水利及其他线性基础设施工程，军事及安全保密、宗教、殡葬、综合防灾减灾、战略储备等特殊建设项目，郊野公园、风景游览设施的配套服务设施，直接为乡村振兴战略服务的建设项目，其他必要的服务设施和城镇民生保障项目等。

四、城市开发边界划定难点

（一）地方发展诉求难以得到明确

地方发展的用地规模指标与上级文件要求的规模预测指标相差较大，在处理上只能先满足重大项目的用地指标。市县国土空间规划编制和城镇开发边界划定过程中上下联动的平台存在差异，地方对地块设施布局较为看重，缺乏对区域格局的视

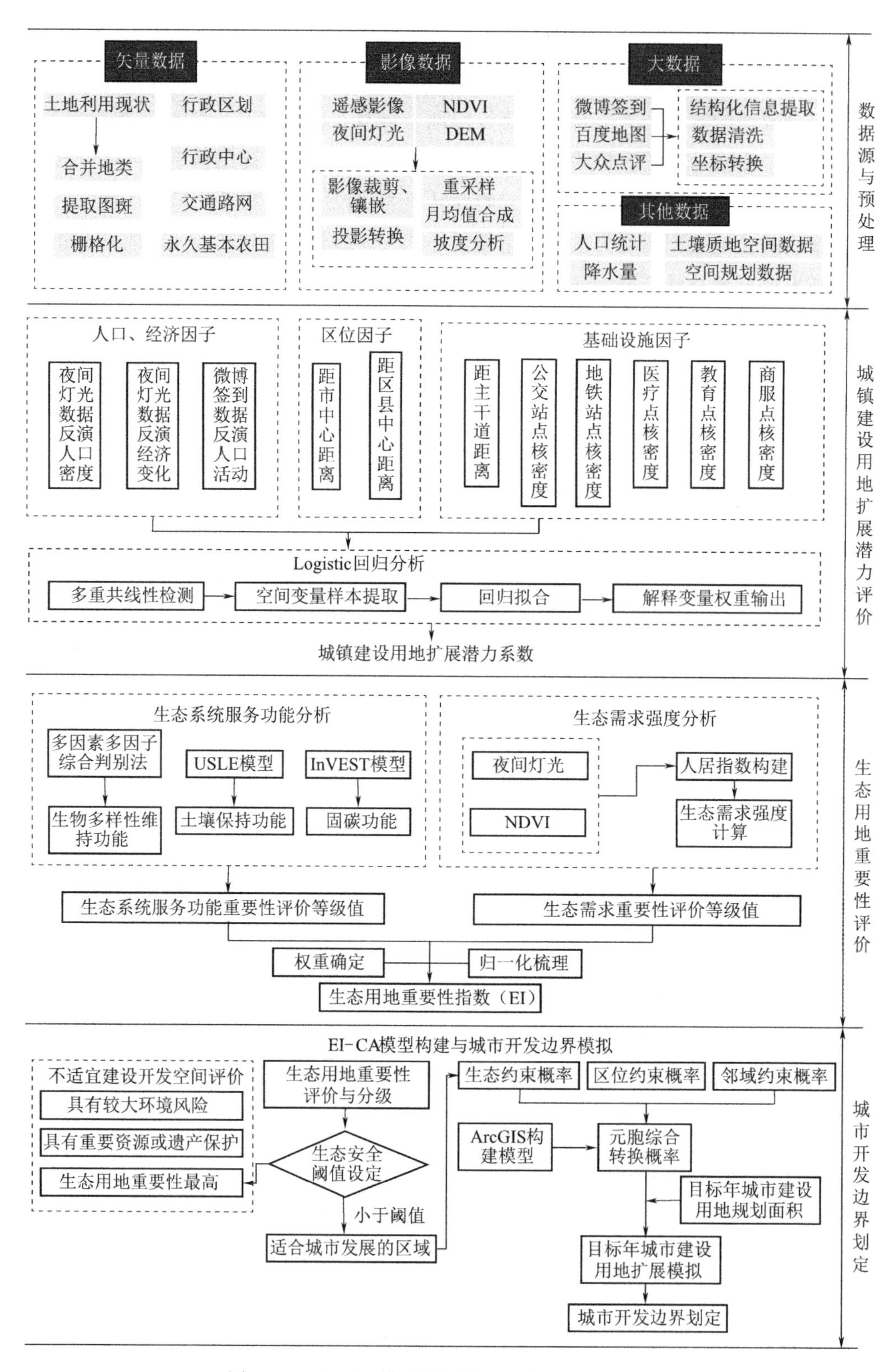

图 5－8　EI－CA 模型模拟划定城市开发边界流程

角和系统性思维的支撑[77]。

（二）项目规划方案难以落地

在收资后发现存在一些难以落实红线的项目，对判别城镇未来的发展空间布局有一定影响。其次是规划方案用地较为破碎，不利于项目落地，有的细碎部分需要避让永久基本农田、生态保护红线和稳定利用耕地，若永久基本农田的核实整改方案无法调整，就要重新调整项目用地布局。

（三）与“双评价”的衔接问题

划定城镇开发边界要求以“双评价”结果为基础，在开展城镇开发边界划定工作时，需要同步校核“双评价”成果，城镇开发边界要优先落在“双评价”成果的城镇发展潜力空间，同时避让生态空间和农业空间。此外，人口规模、城镇建设用地规模等都要处在“双评价”的承载规模内，在划定过程中带来一定的技术难度。

第三节　生态红线划定与管控技术方法

一、生态红线的概念和内涵

“红线”一词最早出现在城市发展规划建设中，即用红笔标注允许建设发展区域，引申为不可逾越的边界[78]。后来广泛用于耕地红线、水资源红线等生态领域[79]。随着“红线”的内涵不断深化，2011 年 10 月发布的《国务院关于加强环境保护重点工作的意见》[80] 首次提出划定生态红线，要求在重要的生态功能区、陆地与海洋生态敏感区、脆弱区等区域中划定生态红线。2014 年 1 月环保部印发的《国家生态保护红线——生态功能基线划定技术指南（试行）》首次提出生态保护红线概念，2017 年 5 月，环境保护部和国家发展改革委联合出版的《生态保护红线划定指南》[81] 一书中将生态保护红线定义为“在生态空间范围内具有特殊重要生态功能、必须强制性严格保护的区域，是保障和维护国家生态安全的底线和生命线，通常包括具有重要水源涵养、生物多样性维护、水土保持、防风固沙、海岸生态稳定等功能的生态功能重要区域，以及水土流失、土地沙化、石漠化、盐渍化等生态环境敏感脆弱区域。”

我国学者在生态保护红线的概念内涵以及划定管控方面做了大量研究。饶胜等[82] 认为生态红线是确保国家生态平衡的一条生命线，是根据生态系统完整性而划定的特殊保护区域，生态红线由空间、面积、管理三条红线共同构成。万军等[83]

认为生态红线是经由国家政府部门批准、发布并以保护重要生态功能区、生态环境敏感、脆弱区为目的的生态空间保护边界。秦大河等[84]认为生态保护红线是必须进行保护的最小的生态空间以及其中包含的环境、资源的管理边界，其目的是确保生态系统完整性、生态功能稳定性。高吉喜[85]认为生态红线是需要严格管理和维护的区域，在确保产业安全、生态安全等多个方面都有着积极作用。林勇等[86]认为生态红线划定的重要研究内容是根据生态系统服务功能的需求，确定生态脆弱区和重要生态区的最小保护面积和空间范围。

二、生态保护红线划定实践历程

我国明确提出生态保护红线概念的时间很短，从我国的具体实践来看，大致可归纳为起步阶段、发展阶段和全面开展阶段。在全面开展阶段以前，生态保护红线多是以生态空间控制线的形式体现，关于生态保护红线的研究更多的是停留在理论研究上。直到2011年国家以政策性文件明确提出划定生态保护红线，红线划定实践工作才在全国范围内逐渐开展。

（一）起步阶段（2005年以前）

在生态空间管制起步阶段，我国尚未暴露显著的生态问题，对生态环境研究更多注重理论，以生态学科研究为主导。这段时间内关于生态保护红线的研究主要是随着生态学科发展而进行的，大多关注生态景观、物种保护等方面的理论研究。俞孔坚[87]在对生物物种迁徙和进化所需要的生态环境研究的基础上，提出了一个典型的理论——生物保护安全格局由源、缓冲区、源间联结、辐射道和战略点所组成，以源、区、连接、通道等形式表达生态空间，这些研究内容本质上属于生态保护红线的一部分。同时出现了以红线分区形式管控生态空间的案例，这是生态保护红线的雏形初现。如浙江省安吉县在确立“生态立县”的宏观战略下，在编制生态环境保护规划时，在县域生态环境现状调查和分析的基础上，划分生态红线区，以红线区的形式管控生态空间。但总体而言，有关生态保护红线的研究，在此期间相对较少。

（二）发展阶段（2005~2010年）

2005年广东省编制的《珠江三角洲环境保护规划纲要》中，将沿珠江流域依法设立的各类自然保护区核心区，以及重要的水源涵养区划定为生态红线控制区。以生态红线区的形式严格保护重点生态空间，提出了生态空间分级管控的方法。这是全国首次将自然保护区和重点生态功能区以生态红线区的形式予以明确，这标志着我国生态空间管控开始在具体实践工作中运用，这段时间内生态保护红线以生态

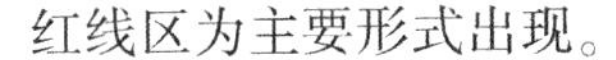

红线区为主要形式出现。

在具体实践方面,《全国主体功能区划》和《全国生态功能区划》是这时期对生态保护空间划分和管控的代表。《全国主体功能区划》在对现有国土的环境资源承载能力,以及对城镇开发建设强度和开发潜力等要素进行综合评价的基础上,优化现有国土空间开发格局,以国土开发强弱程度,在全国范围内划分优化开发区、重点开发区、限制开发区和禁止开发区,并把依法设立的各类自然保护区域划入禁止开发区。《全国生态功能区划》是在分析各地区不同类型生态系统基础上,选择能表征区域生态系统特征的生态功能环境评价因子,根据生态系统特征评价在不同区域划分不同的生态功能,最后将生态功能区划分为三级生态功能区。此外,《深圳市基本生态控制线管理规定》将深圳市重要的生态空间和自然保护区划入基本生态控制线,并制定了相应的法律法规以管控基线。符娜等研究了土地利用规划中划定生态红线区的方法,并将其运用到了昆明市土地利用规划中,将生态环境最为敏感和生态服务功能重要区域划定为生态红线区。

(三)全面开展阶段(2011 年至今)

2011 年,国家首次在规范性文件中提出划定生态保护红线,生态保护红线在我国经历了从无到有的过程。随着国家对生态文明制度建设的越加重视,各地开展生态保护红线工作也越加积极,但受限于没有完善的国家政策文件支撑和指导,地方政府在开展划定工作中时常处于被动状态。因此,中共中央、国务院以及各职能部门印发了一系列关于生态保护红线工作的配套文件,以指导地方政府开展工作。就目前印发的文件来看,从 2011 年提出划定生态保护红线到 2013 年党的十八届三中全会,印发的文件对划定生态保护红线统一了认识和思想;2015 年更是把划定生态保护红线纳入到国家大法,并出台了划定的技术标准;随着国家对“多规合一”试点工作的推进,生态文明体制改革要求将生态保护红线融入“多规合一”工作,统一划定;2017 年中共中央、国务院对全国生态保护红线划定工作做了全面部署和详细安排。至此,生态保护红线工作在全国范围内展开(表 5-8)。

生态保护红线政策文件发布统计表 **表 5-8**

发布时间	发文单位/会议/性质	文件名称	内容要求
2011 年 10 月	国务院	《关于加强环境保护重点工作的意见》	国家编制环境功能区划,在重要生态功能区、陆地和海洋生态环境敏感区、脆弱区等区域划定生态红线
2013 年 1 月	环境保护部、发展改革委、财政部	《关于加强国家重点生态功能区环境保护和管理的意见》	全面划定生态红线,环境保护部要求同有关部门出台生态红线划定技术规范,制定生态红线管制要求和环境经济政策

续表

发布时间	发文单位/会议/性质	文件名称	内容要求
2013年11月	党的十八届三中全会	《中共中央关于全面深化改革若干重大问题的决定》	划定生态保护红线，坚定不移实施主体功能区制度，建立国土空间开发保护制度，严格按照主体功能区定位推动发展，建立国家公园体制
2014年1月	环保部	《国家生态保护红线——生态功能红线划定技术指南（试行）》	在全国范围开展生态保护红线试点工作
2015年1月	国家大法	《中华人民共和国环境保护法》	第二十九条：国家在重点生态功能区、生态环境敏感区和脆弱区等区域划定生态保护红线，实行严格保护
2015年5月	环保部	《生态保护红线划定技术指南》	划定生态保护红线技术标准
2015年9月	中共中央、国务院	《生态文明体制改革总体方案》	健全国土空间用途管制制度，并严守生态红线，严禁任意改变用途，防治不合理开发建设活动对生态红线的破坏
2016年5月	国家发展改革委等9部委	《关于加强资源环境生态红线管控的指导意见》	根据涵养水源、保持水土、防风固沙、调蓄洪水、保护生物多样性以及保持自然本底、保障生态系统完整和稳定性等要求，兼顾经济社会发展需要，划定并严守生态保护红线
2017年1月	中共中央、国务院	《省级空间规划试点方案》	以主体功能区规划为基础，全面摸清并分析国土空间本底条件，划定城镇、农业、生态空间以及生态保护红线、永久基本农田、城镇开发边界（“三区三线”）
2017年2月	中共中央、国务院	《关于划定并严守生态保护红线的若干意见》	2020年底前，全面完成全国生态保护红线划定，勘界定标，基本建立生态保护红线制度，国土生态空间得到优化和有效保护，生态功能保持稳定，国家生态安全格局更加完善
2017年5月	环境保护部、国家发展改革委	《生态保护红线划定指南》	要求在国土空间范围内，按照资源环境承载能力和国土空间开发适宜性评价技术方法，开展生态功能重要性评估和生态敏感性评估，确定水源涵养、生物多样性维护、水土保持、防风固沙等生态功能极重要区域及极敏感区域，纳入生态保护红线，主要步骤包括：确定基本评估单元、选择评估类型与方法、数据准备、模型运算、评估分级和现场校验

三、生态保护红线的划定方法及适用条件

在国土空间范围内，按照资源环境承载能力和国土空间开发适宜性评价技术方

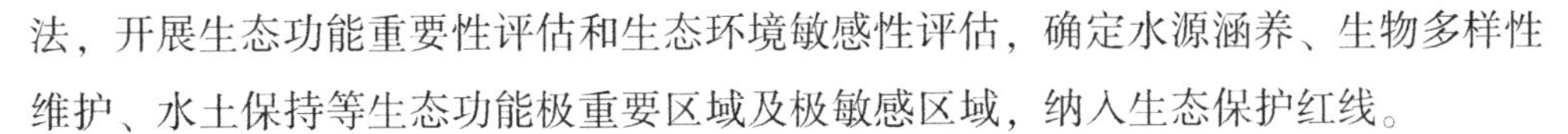

法，开展生态功能重要性评估和生态环境敏感性评估，确定水源涵养、生物多样性维护、水土保持等生态功能极重要区域及极敏感区域，纳入生态保护红线。

（一）生态系统服务功能重要性评估方法

2017版《生态保护红线划定指南》中指出，生态保护红线划定的关键是确定生态系统服务价值和功能，即科学地确定生态保护区域。目前生态系统服务功能的评估方法主要有模型评估法和净初级生产力（NPP）定量指标评估法。其中，模型评估法所需参数较多，对数据需求量较大，准确度较高，而定量指标法以NPP数据为主，参数较少，操作较为简单，但其适用范围具有地域性。因此，在选择适宜的评价方法时，应注意三个方面：深入了解不同评价方法所选择的评价参数，筛选适合研究区的评价参数；对比评价结果与实际受保护区域的空间分布差异，从而选择合适的评价方法；若由于特殊的气候、地形、地貌等因素，无较为适宜的评价方法时，则应对部分区域的评价参数进行加权。

1. 水源涵养功能重要性评价模型

2015版与2017版《指南》中提供了两种计算水源涵养功能重要性的方法，一种是模型法，另一种是NPP法。国内外在水源涵养评估方面方法多样，但尚未形成让公众和学术界普遍接受的评估体系。目前，国内外评价生态系统水源涵养服务功能的常用方法是水量平衡法和降水贮存法，还有多种估算模型如InVEST模型、元胞自动机模型、SEBS与SCS模型等。目前几种主要的水源涵养功能评估方法与模型比较如下（表5－9）：

主要生态系统水源涵养服务功能评估方法与模型的比较　　表5－9

评估方法与模型	优　点	缺　点
水量平衡法	水量平衡是水文现象和水文过程分析研究的基础，也是水资源数量和质量计算及评价的依据。将整个森林生态系统作为研究对象，以水量的输入和输出为突破点，认为研究区入水量和出水量的差值即为研究区的水源涵养量。其中研究区入水量即为研究区的降雨量，出水量包括蒸散量、径流量和土壤渗透量。此方法易操作，计算较准确，是目前使用频率较高的方法	蒸散量测量困难、研究区范围不能过大等
NPP定量指标评估法	以净初级生产力（NPP）为核心衍生出的评估模型，将净初级生产力视作重要替代指标，模型涉及参数较少，数据也便于通过遥感手段及时获取，有助于宏观上动态评估工作的开展	NPP定量指标法不适于市域、县域尺度，更适合于较大尺度区域生物多样性研究。例如，在市域、县域等小尺度范围内，由于温度和降水差别不大，NPP定量指标法重要性与海拔成反比，导致低山—平原环境不适宜用NPP定量指标法

续表

评估方法与模型	优　点	缺　点
降水贮存法	用森林生态系统的蓄水效应来衡量其涵养水分的功能。假设认为森林的林冠和树干的蒸腾和扩散大约占降水量的30%，树木在蒸腾过程中又占到了15%，因此推算认为森林的水源涵养量大约占降雨量的55%。计算过程中，利用平均降水量和森林覆盖率对森林区域的降水量进行估算，再通过上述的经验值对森林水源涵养量进行估算。这种方法主要是根据森林蒸散量的经验值计算水源涵养量，简便易行，可操作性强	森林水源涵养的影响因素较多，森林涵养水量占有林地降水量的实际比例难以准确估计，而且这种方法也忽略了地表径流，因此该方法计算所得的准确性较低
InVEST模型	通过模拟不同土地覆被情景下生态服务系统物质量和价值量的变化，能够较好地把握总体格局，体现了人类活动对生境的威胁程度和影响范围。多个子模块可供选择，每个模块又分别包含了具体的评估项目，可以与GIS联动，也可独立用于模拟不同时空尺度的森林水文过程	对数据变化十分敏感，生物多样性保护评估结果不能以经济价值表示
元胞自动机模型	能够模拟和预测生态系统在不同尺度上的动态变化，更好地反映生态系统水源涵养功能的空间异质性，有助于理解生态系统水源涵养服务的形成机制和影响因素，有助于更好地理解和预测生态系统的动态变化。多个子模块可供选择，可以依附于ArcGIS软件，也可独立使用，模拟不同时空尺度的森林水文过程	只模拟降水季节（7~8月份）的水源涵养量；忽略森林水文细节特征
SEBS与SCS模型	将SEBS蒸散量模型与SCS径流估算模型相结合用于估算水源涵养量	模型没有考虑地下径流损失，造成估算结果偏大；适合小范围区域
林冠截留法	该方法认为林冠层截留剩下的水量就是森林的水源涵养量。其根据是未被截留的降水将会由于重力下渗至土壤，而森林土壤将储存这些水量，一般不会因饱和引起地表径流。比较适合森林生态系统结构复杂、生物多样性好、水土保持能力较高的地区	由于将林下部分的蒸散量也考虑作为了森林的水源涵养量，同时不考虑土壤的径流量，因此计算所得的水源涵养量的准确性较低，且适用范围较窄
多因子回归法	该方法主要是从数学角度出发，由于水源涵养功能是一个综合过程，受影响的因素较多，该方法将可能会有影响的因子均加入考量。一般方法为将研究区的经纬度、森林覆盖率等因子作为自变量，将降水量、蒸散量、径流量等因子作为因变量，基于数量理论，利用计算机进行回归计算。该方法的优点在于考虑了大量影响因素，能得出较为全面准确的结果	模型建立需要大量的数据支持，而目前的研究数据资料并不足以支持如此巨大的模型建立，因此该模型较难应用于实际
综合蓄水法	该方法是通过对林冠层截留量、枯落物持水量和土壤储水量三个层次综合计算所得的研究区整体水源涵养量。该方法计算的水源涵养量较为全面，有助于分析不同层次的功能贡献大小	该方法的计算前提较为理想，计算所得结果为研究区在理想环境下能达到的水源涵养量最大量，该方法也忽略了研究区的蒸散量。并且由于考虑得非常全面，因此需要大量的实测数据，计算过程也相对复杂

续表

评估方法与模型	优点	缺点
土壤蓄水法	该方法认为森林涵养的水源主要保存于土壤中，因此利用土壤层的厚度与土壤的非毛管孔隙度相乘即可得到森林的水源涵养量。由于该方法考虑的因素较为单一，因此可操作性很强	但是仅考虑土壤层储水，而忽略了森林蒸散，林冠层和枯枝落叶层的储水能力，与实际的情况差异较大。而且土壤非毛管孔隙的储水是一个动态过程，该方法仅计算了静态情况下的储水情况。因此该方法应用范围较窄，且应用程度不高
年径流量法	该方法是建立在森林水源涵养量和研究区年径流量情况相同，且林地与其他土地类型的蒸散情况也相同的假设前提下，利用研究区年径流量与林木覆盖率的乘积得到水源涵养量。该方法计算简单快捷	由于实际情况年径流量与涵养量并不可能完全相等，且林地与其他类型土地的蒸散情况差异很大，因此该方法计算所得结果可信程度较低
地下径流增长法	这种方法认为林地的水源涵养量是指有林地与其他自然条件相同的无林地的地下径流量差值。水源涵养的价值体现于为社会提供的实际效用，地下径流可以均化洪水过程，调节径流，实际表现即为地下径流的增加。该方法优势在于数据的需求量较小，且可以通过简单实验实测	该方法仅考虑了水源涵养的一部分，对整个水源涵养过程进行全面研究，因此计算结果普遍将小于实际值。而且由于进行对比实验时，变量的唯一性，很难找到除森林植被不同外，地质类型、气候类型等因素均相同的两个研究区，因此，该方法难以广泛推广应用

1）水量平衡模型

$$TQ = \sum_{i=1}^{j} (P_i - R_i - ET_i) \times A_i \times 10^3$$

式中，TQ 为总水源涵养量（m^3），P_i 为降雨量（mm），R_i 为地表径流量（mm），ET_i 为蒸散量（mm），A_i 为 i 类生态系统面积（km^2），i 为研究区第 i 类生态系统类型，j 为研究区生态系统类型数。

地表径流因子：降雨量乘以地表径流系数获得，计算公式如下：

$$R = P \times \alpha$$

式中，R 为地表径流量（mm），P 为多年平均降雨量（mm），α 为平均地表径流系数，如表 5－10 所示。

平均地表径流系数 **表 5－10**

生态系统类型 1	生态系统类型 2	平均地表径流系数（%）
森林	常绿阔叶林	2.67
	常绿针叶林	3.02

续表

生态系统类型1	生态系统类型2	平均地表径流系数（%）
森林	针阔混交林	2.29
	落叶阔叶林	1.33
	落叶针叶林	0.88
	稀疏林	19.2
灌丛	常绿阔叶灌丛	4.26
	落叶阔叶灌丛	4.17
	针叶灌丛	4.17
	稀疏灌丛	19.2
草地	草甸	8.2
	草原	4.78
	草丛	9.37
	稀疏草丛	18.27
湿地	湿地	0

2）NPP 定量指标评估法

以生态系统水源涵养服务能力指数作为评估指标，计算公式为：

$$WR = NPP_{mean} \times F_{sic} \times F_{pre} \times (1 - F_{slo})$$

式中，WR 为生态系统水源涵养服务能力指数，NPP_{mean} 为多年植被净初级生产力平均值，F_{sic} 为土壤渗流因子，F_{pre} 为多年平均降水量因子，F_{slo} 为坡度因子。

3）InVEST 模型

InVEST 模型（water yield model）是基于 Budyko[88] 水热耦合平衡原理提出的一种水量平衡估算方法，即以各栅格单元降水量与实际蒸散量之差作为该栅格单元产水量，模型不考虑地下水的补给。计算公式如下：

$$Y_{xj} = \left(1 - \frac{AET_{xj}}{P_x}\right) \times P_x$$

式中，Y_{xj} 为地类 j 在栅格单元 x 上的年均产水量（mm），AET_{xj} 为栅格单元 x 上地类 j 的年均实际蒸散量（mm），P_x 为栅格单元 x 上的年均降水量（mm）。

4）元胞自动机模型

元胞自动机由四个部分组成，表述形式为 G、Q、N'、f，其式中各变量的说明如下：

$$A = (G, Q, N', f)$$

$$G=\{c(x_c, y_c) \mid c \in Z^2, 0 \leqslant x_c \leqslant M, 0 \leqslant y_c \leqslant N\}$$

其中，A 表示元胞自动机，Z^2 为二维欧氏空间，G 表示森林水源涵养元胞自动机的元胞空间，M、N 为 Z^2 空间的行列数，x_c、y_c 均取自然数；

Q 代表元胞“水库”在 t 时刻的水源涵养量，是一个在实数范围内的连续变量；

N'为中心元胞 $c(x, y)$ 的邻域，根据元胞水量传输特征，将其定义为摩尔（More）型，是有限的序列子集 $N'=(x1, x2, \cdots, xn)$；

f 为 $Q(t) \rightarrow Q(t+1)$ 的转换规则，Q 为所模拟空间尺度的元胞水源涵养总量，根据 t 时刻的元胞水源涵养量和 t+1 时刻元胞间水量传输、降雨、深层渗漏、蒸散量来确定 t+1 时刻的元胞“水库”水量。

5）综合蓄水能力法

森林的拦蓄降水功能是指森林生态系统对降水的拦截和贮存作用，主要包括林冠截留量、枯枝落叶层的截留以及土壤蓄水，是森林涵养水源的主要表现形式。因此，森林生态系统水源涵养量可以表示为：

$$WR=C+L+SW$$

$$C=\sum_{i=1}^{n} a_i \times R \times A_i$$

$$L=\sum_{i=1}^{n} \delta_i \times A_i$$

$$SW=\sum_{i=1}^{n} \beta_i \times A_i \times h_i$$

其中，WR 为森林生态系统截留量，C 为林冠层的截留量，L 为枯枝落叶层截留量，SW 为土壤蓄水量，a_i 是 i 种森林类型的林冠层截留率（%），R 是一年中降水量最大那天的降水（mm），A_i 是 i 种森林类型的小斑面积（hm^2），δ_i 是枯枝落叶层最大持水量，β_i 是非毛管孔隙度（%），h_i 是森林类型对应的土层厚度（cm）。

对基础数据不全，不能按《生态保护红线划定指南》（试行）（环办生态〔2017〕48 号）的技术方法进行评价的地区，可参照表 5－11 进行评价。

2. 水土保持功能重要性评价模型

水土保持是生态系统（如森林、草地等）通过其结构与过程减少由于水蚀所导致的土壤侵蚀的作用，是生态系统提供的重要调节服务之一。水土保持功能主要与气候、土壤、地形和植被有关。以水土保持量，即潜在土壤侵蚀量与实际土壤侵蚀量的差值，作为生态系统水土保持功能的评估指标。

水源涵养功能重要性分级 表 5-11

重要程度	分级标准	分级赋值
极度重要	一级饮用水源保护地；干流两侧 2km 范围内，一级支流两侧 1km 范围内，或二级河流两侧 200m 范围内（中心城区除外）； 常绿阔叶林、常绿针叶阔叶混交林、常绿落叶阔叶混交林	5
重要	干流两侧 2~4km 范围内，一级支流两侧 1~2km 范围内，或二级支流两侧 200~400m 范围内（中心城区除外）； 竹林、常绿针叶林	3
一般重要	灌丛、落叶阔叶林、针阔混交林、经济林木等其他地区	1

注：1. 各重要性程度分级中，干流、一级支流、二级支流两侧保护范围各地可根据实际情况调整；
2. 干流、一级支流、二级支流按各市主要水系地表水环境功能区划中的规定分类。

1）修正通用水土流失方程

采用修正通用水土流失方程（RUSLE）的水土保持服务模型开展评价，公式如下：

$$A_c = A_p - A_r = R \times K \times L \times S \times (1 - C)$$

$$R = \sum_{k=1}^{24} \overline{R}_{半月k}$$

$$\overline{R}_{半月k} = \frac{1}{n} \sum_{i=1}^{n} \sum_{j=0}^{m} (\alpha \cdot P_{i,j,k}^{1.7265})$$

$$K = (-0.01383 + 0.51575 K_{EPIC}) \times 0.1317$$

$$\begin{aligned} K_{EPIC} = & \{0.2 + 0.3\exp[-0.0256 m_s (1 - m_{silt}/100)]\} \times [m_{silt}/(m_c + m_{silt})]^{0.3} \\ & \times \{1 - 0.25 orgC/[orgC + \exp(3.72 - 2.95 orgC)]\} \times \{1 - 0.7(1 - m_s/100)/ \\ & \{(1 - m_s/100) + \exp[-5.51 + 22.9(1 - m_s/100)]\}\} \end{aligned}$$

式中，A_c 为水土保持量 [t/(hm² · a)]；A_p 为半月潜在土壤侵蚀量；A_r 为实际土壤侵蚀量；R 为降雨侵蚀力因子 [MJ · mm/(hm² · h · a)]；K 为土壤可蚀性因子 [t · hm² · h/(hm² · MJ · mm)]；L、S 为地形因子，L 表示坡长因子，S 表示坡度因子；C 为植被覆盖因子；$\overline{R}_{半月k}$ 为第 k 个半月的降雨侵蚀力 [M · mm/(hm² · h · a)]；k 为一年的 24 个半月，k=1，2，…，24；i 为所用降雨资料的年份，i=1，2，…，n；j 为第 i 年第 k 个半月侵蚀性降雨日的天数，j=1，2，…，m；$P_{i,j,k}$ 为第 i 年第 k 个半月第 j 个侵蚀性日降雨量（mm），可以根据全国范围内气象站点多年的逐日降雨量资料，通过插值获得，或者直接采用国家气象局的逐日降雨量数据产品；α 为参数，暖季时 $\alpha=0.3937$，冷季时 $\alpha=0.3101$；K_{EPIC} 表示修正前的土壤可蚀性因子，m_c、m_{silt}、m_s 和 orgC 分别为黏粒（<0.002mm）、粉粒（0.002~0.05mm）、砂粒（0.05~2mm）和有机碳的百分比含量（%）。

植被覆盖因子 C 反映了生态系统对土壤侵蚀的影响，是控制土壤侵蚀的积极因素。水田、湿地、城镇和荒漠参照 N－SPECT 的参数分别赋值为 0、0、0.01 和 0.7，旱地按植被覆盖度换算，计算公式如下：

$$C_{旱}=0.221-0.595\log c_1$$

式中，$C_{旱}$ 为旱地的植被覆盖因子，c_1 为小数形式的植被覆盖度。其余生态系统类型按不同植被覆盖度进行赋值，如表 5－12 所示。

不同生态系统类型植被覆盖因子赋值 **表 5－12**

生态系统类型	植被覆盖度					
	<10%	10%～30%	30%～50%	50%～70%	70%～90%	>90%
森林	0.1	0.08	0.06	0.02	0.004	0.001
灌丛	0.4	0.22	0.14	0.085	0.04	0.001
草地	0.45	0.24	0.15	0.09	0.043	0.001
乔木园地	0.42	0.23	0.14	0.089	0.042	0.001
灌木园地	0.4	0.22	0.14	0.087	0.042	0.001

2）NPP 生态系统水土保持服务能力指数评估法

以生态系统水土保持服务能力指数作为评估指标，计算公式为：

$$S_{pro}=NPP_{mean}\times(1-K)\times(1-F_{slo})$$

$$K=(-0.01383+0.51575K_{EPIC})\times 0.1317$$

$$K_{EPIC}=\{0.2+0.3\exp[-0.0256m_s(1-m_{silt}/100)]\}\times[m_{silt}/(m_c+m_{silt})]^{0.3}$$
$$\times\{1-0.25orgC/[orgC+\exp(3.72-2.95orgC)]\}\times\{1-0.7(1-m_s/100)/$$
$$\{(1-m_s/100)+\exp[-5.51+22.9(1-m_s/100)]\}\}$$

式中，S_{pro} 为水土保持服务能力指数，NPP_{mean} 为多年植被净初级生产力平均值，F_{slo} 为坡度因子，K 为土壤可蚀性因子，K_{EPIC} 表示修正前的土壤可蚀性因子，m_c、m_{silt}、m_s 和 $orgC$ 分别为黏粒（<0.002mm）、粉粒（0.002～0.05mm）、砂粒（0.05mm～2mm）和有机碳的百分比含量（%）。

3. 防风固沙功能重要性评价模型

防风固沙是生态系统（如森林、草地等）通过其结构与过程减少由于风蚀所导致的土壤侵蚀的作用，是生态系统提供的重要调节服务之一。防风固沙功能主要与风速、降雨、温度、土壤、地形和植被等因素密切相关。以防风固沙量（潜在风蚀量与实际风蚀量的差值）作为生态系统防风固沙功能的评估指标。

1）修正风蚀方程

采用修正风蚀方程来计算防风固沙量，公式如下：

$$SR = S_{L潜} - S_L$$

$$SL = \frac{2 \cdot z}{s^2} Q_{MAX} \cdot e^{-(z/s)^2}$$

$$S = 150.71 \cdot (WF \times EF \times SCF \times K' \times C)^{-0.3711}$$

$$Q_{MAX} = 109.8(WF \times EF \times SCF \times K' \times C)$$

$$S_{L潜} = \frac{2 \cdot Z}{s_{潜}^2} Q_{MAX潜} \cdot e^{-(z/s潜)^2}$$

$$Q_{MAX潜} = 109.8(WF \times EF \times SCF \times K')$$

$$S_{潜} = 150.71 \cdot (WF \times EF \times SCF \times K')^{-0.3711}$$

式中，*SR* 为固沙量（$tkm^{-2}a^{-1}$）；$S_{L潜}$ 为潜在风力侵蚀量（$tkm^{-2}a^{-1}$）；S_L 为实际风力侵蚀量（$tkm^{-2}a^{-1}$）；Q_{MAX} 为最大转移量（kg/m）；*Z* 为最大风蚀出现距离（m）；*WF* 为气候因子（kg/m）；*EF* 为土壤可蚀因子；*SCF* 为土壤结皮因子；*K'* 为地表糙度因子；*C* 为植被覆盖因子。

气候因子 *WF* 计算公式：

$$WF = Wf \times \frac{\rho}{g} \times SW \times SD$$

式中，*WF* 为气候因子，单位为 kg/m，12 个月 *WF* 总和得到多年年均 *WF*；*Wf* 为各月多年平均风力因子，ρ 为空气密度，*g* 为重力加速度，*SW* 为各月多年平均土壤湿度因子，无量纲；*SD* 为雪盖因子，无量纲。雪盖数据来源于寒区旱区科学数据中心的中国地区 Modis 雪盖产品数据集。

土壤可蚀因子 *EF* 计算公式：

$$EF = \frac{29.09 + 0.31sa + 0.17si + 0.33\left(\frac{sa}{cl}\right) - 2.59OM - 0.95CaCO_3}{100}$$

式中，*sa* 为土壤粗砂含量（0.2mm~2mm）（%）；*si* 为土壤粉砂含量（%）；*cl* 为土壤黏粒含量（%）；*OM* 为土壤有机质含量（%）；$CaCO_3$ 为碳酸钙含量（%），可不予考虑。

土壤结皮因子 *SCF* 计算公式：

$$SCF = \frac{1}{1 + 0.0066(cl)^2 + 0.021(OM)^2}$$

植被覆盖因子 *C* 计算公式：

$$C = e^{a_i(SC)}$$

SC 为植被覆盖度，a_i 为不同植被类型的系数，分别为：林地 0.1535、草地

0.1151、灌丛 0.0921、裸地 0.0768、沙地 0.0658、农田 0.0438。

地表糙度因子 K' 计算公式：

$$K' = e^{(1.86Kr - 2.41Kr^{0.934} - 0.127Crr)}$$

$$Kr = 0.2 \cdot \frac{\Delta H^2}{L}$$

式中，Kr 为土垄糙度，以 Smith - Carson 方程加以计算，单位 cm；Crr 为随机糙度因子，取 0，单位 cm；L 为地势起伏参数；ΔH 为距离 L 范围内的海拔高程差，在 ArcGIS 软件中使用 Neighborhood statistics 工具计算 DEM 数据相邻单元格地形起伏差值获得。

2）NPP 防风固沙功能定量指标法

以生态系统防风固沙服务能力指数作为评估指标，计算公式为：

$$S_{\mathrm{ws}} = NPP_{\mathrm{mean}} \times K \times F_{\mathrm{q}} \times D$$

$$F_{\mathrm{q}} = \frac{1}{100} \sum_{l=1}^{12} u^3 \left(\frac{ETP_{\mathrm{i}} - P_{\mathrm{i}}}{ETP_{\mathrm{i}}} \right) \times d$$

$$ETP_{\mathrm{i}} = 0.19(20 + T_{\mathrm{i}})^2 \times (1 - r_{\mathrm{i}})$$

$$u2 = u1(z2 - z1)^{1/7}$$

$$D = 1/\cos\theta$$

式中，S_{ws} 为防风固沙服务能力指数，NPP_{mean} 为多年植被净初级生产力平均值，K 为土壤可蚀性因子，F_{q} 为多年平均气候侵蚀力，u 为 2m 高处的月平均风速，$u1$、$u2$ 分别表示在 $z1$、$z2$ 高度处的风速，ETP_{i} 为月潜在蒸发量（mm），P_{i} 为月降水量（mm），d 为当月天数，T_{i} 为月平均气温，r_{i} 为月平均相对湿度（%），D 为地表粗糙度因子，θ 为坡度（弧度）。

4. 生物多样性保护重要性评价模型

以净初级生产力（NPP）为核心衍生出的评估模型，将净初级生产力视作生物多样性评估的重要替代指标，模型涉及参数因而明显减少，数据也便于通过遥感手段及时获取，有助于宏观尺度上动态评估工作的开展。NPP 定量指标法不适于市域、县域尺度，更适合于较大尺度区域生物多样性研究。例如，在市域、县域等小尺度范围内，由于温度和降水差别不大，NPP 定量指标法评价公式中的生物多样性保护的重要性与海拔成反比，导致低山—平原环境不适宜用 NPP 定量指标法。

1）物种分布模型（Species Distribution Models，SDMs）

常用的物种分布模型主要包括回归模型、分类树和混合大量简单模型的神经网络、随机森林等。其中逻辑斯蒂回归是最为简单、应用最广的模型。机器学习类复杂模型（如随机森林、神经网络、MaxEnt 等）的预测精度较高，近年来应用较多。

2）NPP 定量指标评估法

以生物多样性维护服务能力指数作为评估指标，计算公式为：

$$S_{bio}=NPP_{mean}\times F_{pre}\times F_{tem}\times(1-F_{alt})$$

式中，S_{bio} 为生物多样性维护服务能力指数，NPP_{mean} 为多年植被净初级生产力平均值，F_{pre} 为多年平均降水量，F_{tem} 为多年平均气温，F_{alt} 为海拔因子。

对基础数据不全，不能按《生态保护红线划定指南》（试行）（环办生态〔2017〕48 号）的技术方法进行评价的地区，可参照表 5－13 进行评价。

生物多样性维护功能重要性分级 **表 5－13**

重要程度	分级标准	分级赋值
极度重要	国家、自治区级保护物种分布区；国家级自然保护区、森林公园、湿地公园、地质公园；国家级生态公益林；《广西壮族自治区禁止开发区域名录》中保护优先区域	5
重要	自治区级和县级自然保护区、森林公园、湿地公园、地质公园；自治区级和县级生态公益林	3
一般重要	其他森林、湿地、水域等其他地区	1

（二）生态环境敏感性评估方法

陆地生态环境敏感性评估主要包括水土流失敏感性、土地沙化敏感性、石漠化敏感性、盐渍化敏感性评估。

1. 水土流失敏感性评估

根据土壤侵蚀发生的动力条件，水土流失类型主要有水力侵蚀和风力侵蚀。以风力侵蚀为主带来的水土流失敏感性将在土地沙化敏感性中进行评估，本节主要对水动力为主的水土流失敏感性进行评估。参照原国家环保总局发布的《生态功能区划暂行规程》，根据通用水土流失方程的基本原理，选取降水侵蚀力、土壤可蚀性、坡度坡长和地表植被覆盖等指标（表 5－14）。将反映各因素对水土流失敏感性的单因子评估数据，用 ArcGIS 进行乘积运算，公式如下：

$$SS_i=\sqrt[4]{R_i\times K_i\times LS_i\times C_i}$$

式中，SS_i 为 i 空间单元水土流失敏感性指数，评估因子包括降雨侵蚀力（R_i）、土壤可蚀性（K_i）、坡长坡度（LS_i）、地表植被覆盖（C_i）。

水土流失敏感性评价因子及分级赋值　　表 5－14

指标	降雨侵蚀力 t/hm²/h	土壤可蚀性	地形起伏度（m）	植被覆盖度	分级赋值
一般敏感	≤100	石砾、砂、粗砂土、细砂土、黏土	0~50	≥0.6	1
敏感	100~600	面砂土、壤土、砂壤、粉黏土、壤黏土	50~300	0.2~0.6	3
极敏感	≥600	砂粉土、粉土	>300	≤0.2	5

2. 土地沙化敏感性评估

参照《生态功能区划暂行规程》，选取干燥度指数、起沙风天数、土壤质地、植被覆盖度等指标。利用 ArcGIS 的空间分析功能，将各单因子敏感性影响分布图进行乘积运算，得到评估区的土地沙化敏感性等级分布图，公式如下：

$$D_i = \sqrt[4]{I_i \times W_i \times K_i \times C_i}$$

式中，D_i 为 i 评估区域土地沙化敏感性指数；I_i、W_i、K_i、C_i 分别为评估区域干燥度指数、起沙风天数、土壤质地和植被覆盖的敏感性等级值。

3. 石漠化敏感性评估

石漠化敏感性评估是为了识别容易产生石漠化的区域，评估石漠化对人类活动的敏感程度。根据石漠化形成机理，选取碳酸岩出露面积百分比、地形坡度、植被覆盖度因子构建石漠化敏感性评估指标体系。利用 ArcGIS 的空间叠加功能，将各单因子敏感性影响分布图进行乘积计算，得到石漠化敏感性等级分布图，公式如下：

$$S_i = \sqrt[3]{D_i \times P_i \times C_i}$$

式中，S_i 为 i 评估区域石漠化敏感性指数；D_i、P_i、C_i 分别为 i 评估区域碳酸岩出露面积百分比、地形坡度和植被覆盖度（表 5－15）。

石漠化敏感性评价因子及分级赋值　　表 5－15

指标	碳酸岩出露面积百分比（%）	地形坡度（°）	植被覆盖度	分级赋值
一般敏感	≤30	≤8	≥0.6	1
敏感	30~70	8~25	0.2~0.6	3
极敏感	≥70	≥25	≤0.2	5

4. 盐渍化敏感性评估

盐渍化敏感性主要取决于蒸发量或降雨量、地下水矿化度、地下水埋深、土壤质地等因子。利用 ArcGIS 的空间叠加功能，将各单因子敏感性影响分布图进行乘积运算，得到盐渍化敏感性等级分布图，公式如下：

$$S_i = \sqrt[4]{I_i \times M_i \times D_i \times K_i}$$

式中，S_i 为 i 评估区域盐渍化敏感性指数；I_i、M_i、D_i、K_i 分别为 i 评估区域蒸发量或降雨量、地下水矿化度、地下水埋深和土壤质地的敏感性等级值，各地区可根据实际对分级评估标准作相应的调整。

（三）生态保护重要性等级初判

选取生态系统服务功能重要性和生态敏感性评价结果的较高等级，作为生态保护重要性等级的初判结果，划分为极重要、重要、一般重要三个等级（表 5－16）。

生态保护重要性等级矩阵 **表 5－16**

生态敏感性 / 生态系统服务功能重要性	极敏感	敏感	一般敏感
极重要	极重要	极重要	极重要
重要	极重要	重要	重要
一般重要	极重要	重要	一般重要

四、生态保护红线的划定所需资料

根据评估方法，搜集评估所需的各类数据，如基础地理信息数据、土地利用现状及年度调查监测数据、气象观测数据、遥感影像、地表参量、生态系统类型与分布数据等。评估的基础数据类型为栅格数据，非栅格数据应进行预处理，统一转换为便于空间计算的网格化栅格数据。

（一）生态系统服务功能重要性评估所需资料

2017 版《生态保护红线划定指南》开展生态系统科学评估的基本步骤包括确定基本评估单元、选择评估类型与方法、数据准备、模型运算、评估分级和现场校验。其中，生态系统服务功能重要性评估在模型法与 NPP 法主要需要的数据见表 5－17、表 5－18。从所需数据中可看出，在可获取数据的范围内，模型法所需数据类型更多，考虑因素更为全面；NPP 法更多地采用 NPP 数据集、高程、气象、土壤等数据。

模型法生态重要性评价数据表 **表 5－17**

类型	名称	数据类型	分辨率	数据来源
水源涵养功能重要性评估	生态系统类型数据集	矢量	—	全国生态状况遥感调查与评估成果
	气象数据集	文本	—	中国气象科学数据共享服务网
	蒸散量数据集	栅格	1km	国家生态系统观测研究网络科技资源服务系统网站

续表

类型	名称	数据类型	分辨率	数据来源
水土保持功能重要性评估	高程数据集	栅格	30m	地理空间数据云网站
	气象数据集	文本	—	中国气象科学数据共享服务网
	土壤数据集	矢量/Excel	—	全国生态环境调查数据库 中国 1∶100 万土壤数据库
防风固沙功能重要性评估	遥感数据集	栅格	250m	美国国家航空航天局（NASA）网站 地理空间数据云网站
	高程数据集	栅格	30m	地理空间数据云网站
	气象数据集	文本	—	中国气象科学数据共享服务网
	土壤数据集	矢量/Excel	—	全国生态环境调查数据库 中国 1∶100 万土壤数据库
	中国地区 Modis 雪盖产品数据集	栅格	0.05°	寒区旱区科学数据中心
生物多样性维护功能重要性评估	物种分布数据库	—	—	野外调查（无）

NPP 法生态重要性评价数据表　　**表 5-18**

类型	名称	数据类型	分辨率	数据来源
水源涵养服务功能评估	NPP 数据集	栅格	250m	全国生态状况遥感调查与评估成果
	土壤数据集	栅格	1km	寒区旱区科学数据中心
	气象数据集	文本	—	中国气象科学数据共享服务网
	高程数据集	栅格	30m	地理空间数据云网站
水土保持服务功能评估	NPP 数据集	栅格	250m	全国生态状况遥感调查与评估成果
	土壤数据集	栅格	1km	寒区旱区科学数据中心
	高程数据集	栅格	30m	地理空间数据云网站
防风固沙服务功能评估	NPP 数据集	栅格	250m	全国生态状况遥感调查与评估成果
	气象数据集	文本	—	中国气象科学数据共享服务网
	DEM 数据集	栅格	30m	地理空间数据云网站
生物多样性维护功能评估	NPP 数据集	栅格	250m	全国生态状况遥感调查与评估成果
	气象数据集	文本	—	中国气象科学数据共享服务网
	高程数据集	栅格	30m	地理空间数据云网站

（二）生态环境敏感性评估所需资料

整理 2017 版《生态保护红线划定指南》可知，相较于生态系统服务功能重要性评价所需资料，生态环境敏感性评价所需资料中部分资料需要地方相关部门提供，无网络开放数据，具体见表 5-19 所示。

生态环境敏感性评估所需资料　　表 5－19

类型	名称	数据类型	分辨率	数据来源
水土流失敏感性评估	气象数据集	文本	—	文献
	土壤数据集	矢量/Excel	—	全国生态环境调查数据库 中国 1：100 万土壤数据库
	高程数据集	栅格	30m	地理空间数据云
	遥感数据集	栅格	250m	美国国家航空航天局（NASA）网站 地理空间数据云网站
土地沙化敏感性评估	气象数据集	文本	—	中国气象科学数据共享服务网
	土壤数据集	矢量/Excel	—	全国生态环境调查数据库 中国 1：100 万土壤数据库
	遥感数据集	栅格	250m	美国国家航空航天局（NASA）网站 地理空间数据云网站
石漠化敏感性评估	高程数据集	栅格	30m	地理空间数据云
	土壤数据集	矢量/Excel	—	全国生态环境调查数据库 中国 1：100 万土壤数据库
	遥感数据集	栅格	250m	美国国家航空航天局（NASA）网站 地理空间数据云网站
盐渍化敏感性评估	气象数据集	文本	—	中国气象科学数据共享服务网
	土壤数据集	矢量/Excel	—	全国生态环境调查数据库 中国 1：100 万土壤数据库
	地下水矿化度	文本	—	地方水文局
	地下水埋深	文本	—	地方水文局

五、生态红线边界划定与调整

（一）生态红线边界划定

生态红线区域范围除了包含国家和省级明确禁止开发的区域以外，各研究区应与当地实际情况相结合，以生态功能的重要性为依据，把有必要实施严格保护的各保护类型纳入生态红线范围。将各生态功能重要性、生态环境敏感性、脆弱性、自然环境灾害带来的危险性进行空间叠加制图，将得到的生态环境保护重要性指数在 ArcGIS 平台上划分为三个等级，依次划为核心、重要和一般保护区。构建生态红线划定的指标体系，结合遥感影像、地形图综合划定，并结合实际调查进行修正，利用加权法计算参数。最后将确定的生态红线范围叠加图通过边界处理、现状与规划衔接、跨区域协调、上下对接等步骤确定生态红线严格范围边界。其过程中采用了 ArcGIS 对叠加分析后的图层图斑进行聚合处理，并结合生态红线边界与各类区划现状相衔接，与相邻的生态区域的红线划定结果相协调，与上下级协商对接，最终科学划定生态红线的范围。

对于国家公园、国家级和国际级重要湿地、县级及以上地表饮用水水源地一级保护区、国家一级公益林、生态功能极重要区域及极敏感区域、海岸带自然岸线（自然岸滩）、红树林、珊瑚礁、海草床、海藻场、牡蛎礁、滨海盐沼、重要河口、重要滩涂及浅海水域、特别保护海岛、重要渔业资源产卵场、公益林、天然林等，全部划入生态保护红线。对于自然保护区和自然公园，经林业部门优化调整后，属于自然保护地的纳入生态保护红线；不属于自然保护地的区域，评估后将其具有重要功能、潜在生态价值，有必要实施严格保护的区域纳入生态保护红线（图 5－9）。

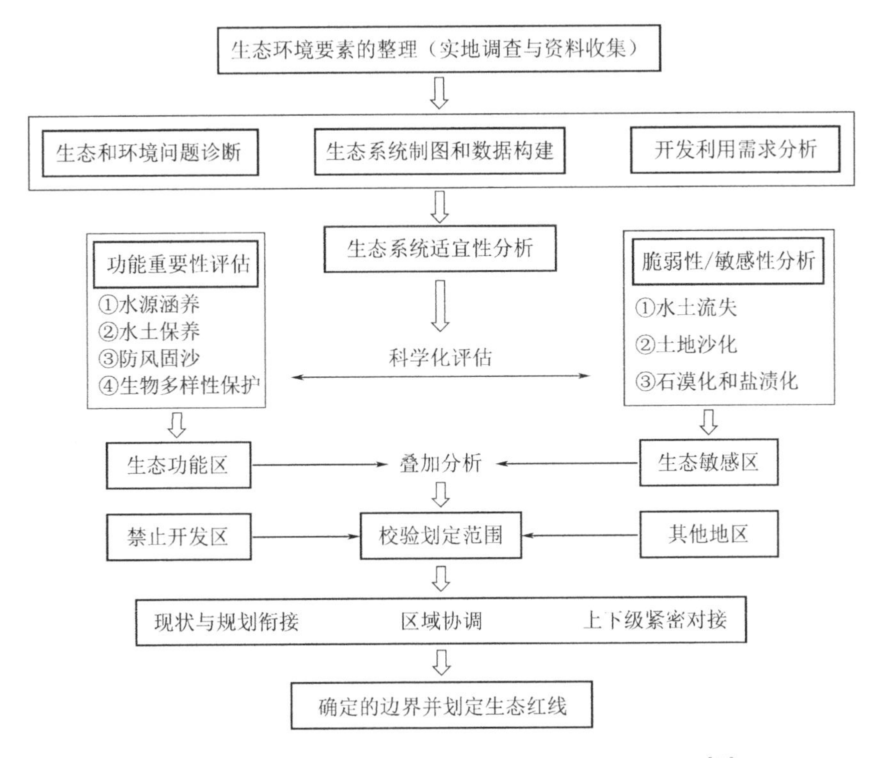

图 5－9　生态红线划定技术流程图（图片来源：蒋莉莉[89]）

（二）生态红线边界调整

原则上以约束类规划（环规）为基础，指导其他规划的协调。重点通过林规和环规保护界线的分级管控，对城规、土规建设用地进行一定的约束。

按照山水林田湖草系统保护要求，统筹耕地、林地、草原、河湖、海洋、冰川、荒漠、矿产等各类自然资源的保护利用，确定自然资源利用上线和环境质量安全底线，提出水、土地、能源等重要自然资源供给总量、结构以及布局调整的重点和方向。

对于生态保护红线内的永久基本农田，按照以下规则进行调整：自然保护地核心保护区内的永久基本农田逐步有序退出（生态退耕）；自然公园核心区内的永久基本农田逐步有序退出（转为一般耕地）；自然保护地一般控制区内，小于 3hm^2 的永久基本农田逐步有序退出（转为一般耕地）。

对于生态保护红线内的城镇、村等现状建设用地，按照以下规则进行调整：自然保护地内，经林业部门评估后，不符合自然保护地准入条件的城镇、村等现状生产生活用地逐步有序退出；自然保护地外红线内，除允许保留的城镇、村等现状生产生活用地，其他对生态功能、生态系统完整性和连通性、生态保护红线格局造成明显影响的逐步有序退出。其中，位于饮用水水源地的一级保护区、一级公益林内的城镇、村等现状建设用地全部逐步有序退出。

对于生态保护红线内的园地、设施农用地、养殖坑塘等，按照以下规则进行调整：经林业部门评估后，不符合自然保护地准入条件的园地、设施农用地、养殖坑塘逐步有序退出；自然保护地外红线内，除允许保留的零星分散园地、设施农用地、养殖坑塘，其他对生态功能、生态系统完整性和连通性、生态保护红线格局造成明显影响的逐步有序退出。其中，位于饮用水水源地的一级保护区、一级公益林内的园地、设施农用地、养殖坑塘均逐步有序退出。

六、生态红线研究中存在的问题

（一）划定方法简单粗放

主要采用直接拿来的方法，将生态保护环境中重要功能区、自然保护区、风景区、敏感区以及脆弱区等直接拿来应用于生态红线的划分依据，在分级过程中由于各指标间有冲突和矛盾，需要依据研究区指标的权重进行加权赋值，然而由于数据获取的时空尺度、当前研究的时空尺度具有人为的主观性等因素影响，导致红线的划定存在人为赋值的差异性。

（二）数据格式与坐标系不统一

土规数据格式以 MapGIS 数据为主，城规主要是 AutoCAD 数据，环规和林规数据则以 ArcGIS 数据为主，此外各规划数据中均存在栅格图片形式的规划成果；各类空间性规划中，土规、环规和林规数据所采用的坐标系统相对为较常见的坐标系，但是坐标系统并不统一，同时存在西安 1980、北京 54 和地方独立坐标系；而城规 CAD 数据中，很大部分数据采用了未知参数的用户坐标系 UCS。研究基于 2000 国家大地坐标系，来统一各类空间性规划数据的格式和坐标系统的技术方法。2000 国家大地坐标系相比其他坐标系统的优势主要体现在 2000 国家大地坐标系是国务院批准使用的新一代国家大地坐标系，具有三维、地心、高精度、动态等特点，能更好地满足各领域各部门工作需要，以更好地为城市建设、经济建设服务。

（三）生态状况评估与重点区域识别困难

生态状况评估与重点区域识别是在调查收集现状及历史数据资料的基础上，对市县区域内生态系统质量、受损情况、生态状况评估和生态系统要素演变特征进行综合性分析，从而判定、识别区域内生态系统的重点问题，总体上把握生态格局，初步确定需要进行划定的区域。

（四）评估分析结果准确性不足

由于现阶段市县级生态修复规划采用的“双评价”、生态红线数据集为阶段性成果，在具体的测量、划定工作中，还存在着诸如划定不实、数据精度不同导致的微小偏差等问题。因此需要根据叠加分析或进行实地调研，将生态评估结果与生态系统演变分析结果、生态保护红线的划定成果进行叠加分析，从技术方法层面进一步提高评价分析结果的准确性。

七、生态空间管控

（一）核心保护区

核心保护区是生态服务功能重要性和生态敏感性最高的区域，是确保生态安全的底线。由于核心保护区的生态环境极为脆弱，人类活动极易造成生态环境问题，且该区域的生态恢复能力较弱，人工恢复成本较高，因此，生态核心保护区应以自然保护为主要功能导向，按照《关于划定并严守生态保护红线的若干意见》《生态保护红线划定指南》和《海洋生态红线划定技术指南》等划定并依据相应的管理办法进行最为严格的生态管控。核心保护区内不得布置基本农田、建设用地，对于区内已有的农业生产用地，应退出并恢复生态用途。暂时确需保留、无法退出的农业生产用地，应严格控制农牧业活动的强度和规模。严禁一切形式的开发建设活动，严格禁止与资源保护无关的各种工程建设，可以配置必要的步行游览、科学实验、安全防护和附属设施，严格限制建设各类建筑物、构筑物。区内原有的村庄、工矿等用地，应严格控制建设行为的扩展并应根据实际发展需要逐步引导退出。

（二）重要保护区

重点保护区需实施严格的生态控制措施，管控级别仅次于核心保护区。重点保护区以生态修复为主的同时，对原住居民，在保证其生产生活必要需求的基础上，可对其生产生活设施进行有限改造，但区域内应该严禁建设大型项目，如风电、采砂、采矿等项目类型。重点保护区内经评价在对生态环境不产生破坏的前提下，可适度开展观光、旅游、科研、教育等活动。重点保护区内基本农田质量高且集中连片的可以保留否则需要逐步退出，建设用地也要逐步退出并进行生态修复；对已经造成的生态环境损害应稳步实施生态保护工程、生态恢复工程及综合治理工程；对功能已经退化的生态系统，通过植被恢复、水污染防治等措施进行综合治理，逐步恢复其生态功能。

（三）一般保护区

一般保护区分布在生态核心保护区和生态重点保护区外围，是生态保护空间与其他空间的过渡区域。其环境本底条件比较好，资源优势较为突出，维护好区域优势的同时，保留基本农田适量地发展循环绿色农业，并合理利用资源优势适当发展生态旅游业。对于小规模的建设用地也可以选择保留，但不得新建。其次，区域内允许适当进行生态开发活动，但必须要制定具体的管控措施，原则上限制各类新增加的开发建设行为以及种植、养殖活动，不得擅自改变地形地貌及其他自然生态环境原有状态，确保生态系统的稳定性不被破坏。

八、生态空间管控相关政策

（一）国家公益林相关管控政策

国家林业局、财政部关于印发《国家级公益林区划界定办法》和《国家级公益林管理办法》的通知（林资发〔2017〕34 号）要求严格控制勘查、开采矿藏和工程建设使用国家级公益林地。确需使用的，严格按照《建设项目使用林地审核审批管理办法》有关规定办理使用林地手续。涉及林木采伐的，按相关规定依法办理林木采伐手续。一级国家公益林原则上不得开展生产经营活动，严禁打枝、采脂、割漆、剥树皮、掘根等行为；二级国家公益林在不影响整体森林生态系统功能发挥的前提下，可以按照相关技术规程的规定开展抚育和更新性质的采伐，在不破坏森林植被的前提下，可以合理利用其林地资源，适度开展林下种植养殖和森林游憩等非木质资源开发与利用，科学发展林下经济。

（二）森林公园相关管控政策

根据国家林业和草原局关于印发修订后的《国家级森林公园总体规划审批管

理办法》（林场规〔2019〕1号）和《国家林业局办公室关于进一步加强林业自然保护区监督管理工作的通知》（办护字〔2017〕64号）的相关要求，严控建设项目使用国家级森林公园林地。要以总体规划统领国家级森林公园建设，不符合规划的建设项目一律不予办理建设项目使用林地审核审批手续和林木采伐手续。对索道、滑雪场、宗教建筑、水库等建设项目，要组织有关部门和专家进行必要性、可行性和合法性论证。基础设施、公共事业、民生项目，确需使用国家级森林公园林地的，应当避让核心景观区和生态保育区，提供比选方案、降低影响和修复生态的措施。

严禁不符合国家级森林公园主体功能的开发活动和行为。除《国家级森林公园管理办法》规定的禁止性行为以外，国家级森林公园内原则上禁止建设高尔夫球场、垃圾处理场、房地产、私人会所、工业园区、开发区、工厂、光伏发电、风力发电、抽水蓄能电站、非森林公园自用的水力发电项目，禁止开展开矿、开垦、挖沙、采石、取土以及商业性探矿勘查活动，禁止从事其他污染环境、破坏自然资源或自然景观的活动，禁止在开发建设中使用未经检疫的木材、木制品包装材料和木制电（光）缆盘。

（三）红树林相关管控政策

根据《自然资源部国家林业和草原局关于印发红树林保护修复专项行动计划（2020—2025年）的通知》（自然资发〔2020〕135号）的相关要求，从严管控涉及红树林的人为活动，红树林自然保护地核心保护区原则上禁止人为活动；其他区域严格禁止开发性、生产性建设活动，可在有效实施用途管制、不影响红树林生态系统功能的前提下，开展适度的林下科普体验、生态旅游以及生态养殖，经依法批准进行的科学研究观测、标本采集等活动。除国家重大项目外，禁止占用红树林地；确需占用的，应开展不可避让性论证，按规定报批。在红树林国家级、省级自然保护区优化调整工作中，不得将养殖塘区域调出保护区范围。

（四）自然保护区相关管控政策

根据《国家林业局办公室关于进一步加强林业自然保护区监督管理工作的通知》（办护字〔2017〕64号）的相关要求，国家级自然保护区作为禁止开发区实施强制性生态保护，严格控制人为活动对自然生态原真性、完整性干扰，严禁不符合主体功能定位的各类开发活动。对自然保护区建设项目实行严格管制。自然保护区内原则上不允许新建与自然保护区功能定位不符的项目。

（五）生态用地用途管控政策

根据中共中央办公厅、国务院办公厅印发《关于划定并严守生态保护红线的若干意见》的相关要求，生态保护红线原则上按禁止开发区域的要求进行管理。严禁不符合主体功能定位的各类开发活动，严禁任意改变用途。生态保护红线划定后，只能增加、不能减少，因国家重大基础设施、重大民生保障项目建设等需要调整的，由省级政府组织论证，提出调整方案，经环境保护部、国家发展改革委会同有关部门提出审核意见后，报国务院批准。因国家重大战略资源勘查需要，在不影响主体功能定位的前提下，经依法批准后予以安排勘查项目。实施生态保护红线保护与修复，作为山水林田湖生态保护和修复工程的重要内容。以县级行政区为基本单元建立生态保护红线台账系统，制定实施生态系统保护与修复方案。优先保护良好生态系统和重要物种栖息地，建立和完善生态廊道，提高生态系统完整性和连通性。分区分类开展受损生态系统修复，采取以封禁为主的自然恢复措施，辅以人工修复，改善和提升生态功能。选择水源涵养和生物多样性维护为主导生态功能的生态保护红线，开展保护与修复示范。有条件的地区，可逐步推进生态移民，有序推动人口适度集中安置，降低人类活动强度，减小生态压力。按照陆海统筹、综合治理的原则，开展海洋国土空间生态保护红线的生态整治修复，切实强化生态保护红线及周边区域污染联防联治，重点加强生态保护红线内入海河流综合整治。

（六）生态保护修复政策

根据《山水林田湖草生态保护修复工程指南》的相关要求，依据现状调查、生态问题识别与诊断结果、生态保护修复目标及标准等，对各类型生态保护修复单元分别采取保护保育、自然恢复、辅助再生或生态重建为主的保护修复技术模式。对于代表性自然生态系统和珍稀濒危野生动植物物种及其栖息地，采取建立自然保护区、去除胁迫因素、建设生态廊道等保护保育措施，保护生态系统完整性，提高生态系统质量，保护生物多样性；对于轻度受损、恢复力强的生态系统，主要采取消除胁迫因子的管理措施，进行自然恢复；对于中度受损的生态系统，结合自然恢复，在消除胁迫因子的基础上，采取改善物理环境，移除导致生态系统退化的物种等中小强度的人工辅助措施，引导和促进生态系统逐步恢复；对于严重受损的生态系统，应在消除胁迫因子的基础上，围绕地貌重塑、生境重构、植被和动物区系恢复、生物多样性重组等方面开展生态重建（图 5 - 10）。

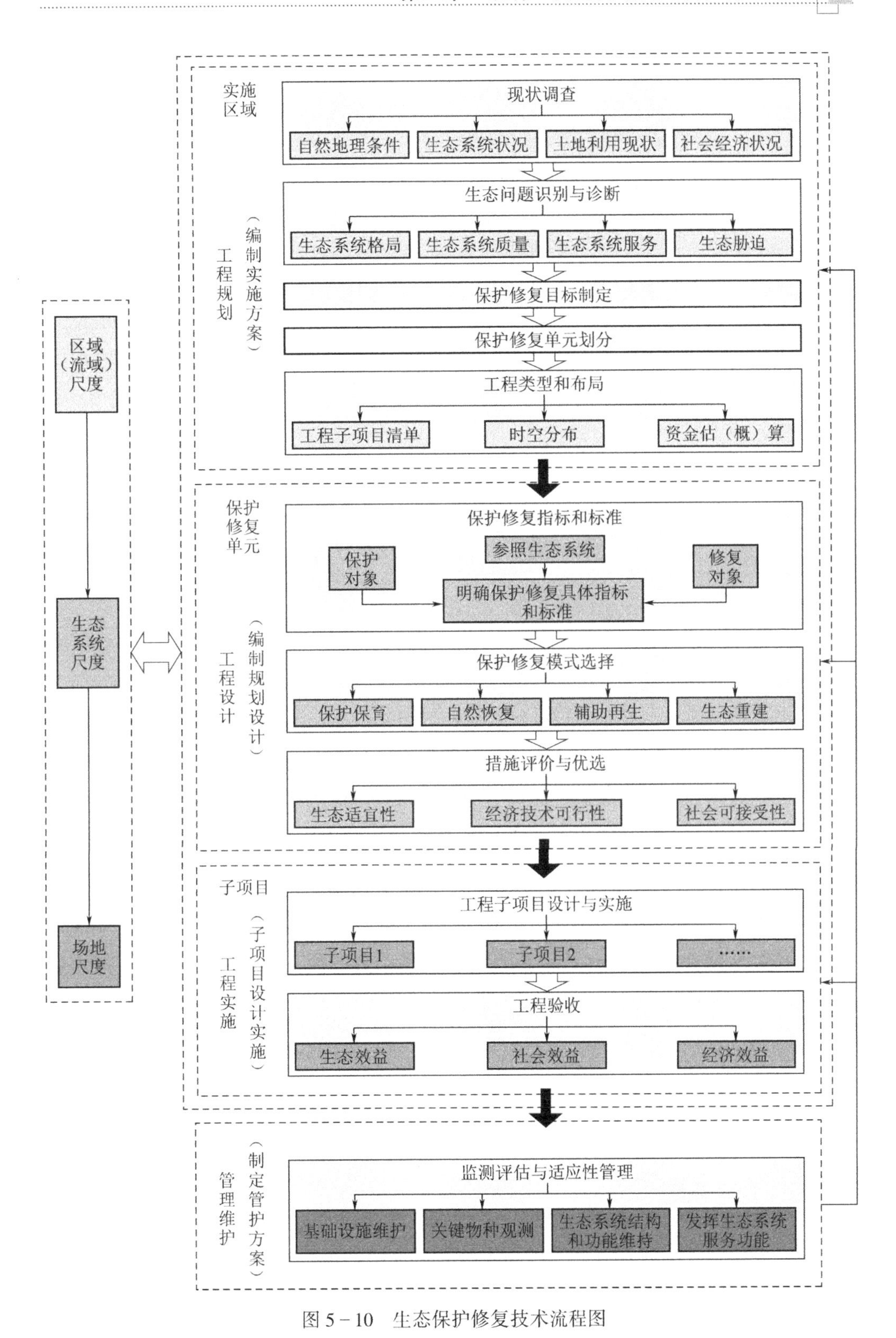

图 5－10　生态保护修复技术流程图

第六章 三类空间划定实例及未来优化方向

第一节 统筹划定方案

一、研究区概况

西林县隶属于广西壮族自治区百色市，位于广西最西端，经纬度在北纬24°01′~24°44′、东经104°29′~105°36′之间，境内以中山地貌为主，面积占全域总面积98.3%，境内属云贵高原余脉，土岭连绵，沟壑纵横，平均坡度为26°~35°。西林县东邻田林县，北接隆林各族自治县，西北毗邻贵州省兴义市、云南省罗平、师宗县，南邻云南省邱北、广南、富宁三县，处于桂滇黔三省结合部，素有“广西西大门”之称，是广西西进和云贵东出的主要门户之一，对于广西加快构建“南向、北联、东融、西合”全方位开放发展新格局具有重要的战略地位。同时，西林县是桂西北生态屏障重要构成部分，是国家重点生态功能区、全国生态文明示范县。受限于地形地貌影响，西林县生态红线保护区与永久基本农田保护区、城镇空间重叠度高，是生态保护红线调整的矛盾焦点地区。因此，本研究以西林县为例，针对三条控制线划定和矛盾冲突，提出相对应划定规则和划定方案。

二、划定原则

坚持底线思维，绿色发展。构建人与自然和谐共生，坚持国土空间开发保护底线，形成国土资源保护底线和开发利用上限[90]，推动形成节约资源和保护环境的空间格局、产业结构、生产生活方式，提升国土空间开发利用质量和效益。

坚持“多规合一”系统思维。按照“多规合一”的要求，以问题为导向，强化统筹协调，坚持上下贯通，优化国土空间开发保护格局顶层设计。具体来说，要统筹全域土地空间，落实主体功能区定位，按照统一底数、统一标准、统一平台、统一管理要求，划分三条控制线，确保生态空间、农业空间、城镇空间不交叉不重叠。

坚持科学有序、区域融合。统筹考虑自然地理格局整体性、系统性、生态性，结合地形地貌、区域基础设施及生态系统的连通性，以优化国土空间开发保护格局为导向，采取定量评估和定性判别相结合的方式科学划定三条控制线。紧密协调三条控制线的目标、功能定位及需求，通过建立健全分类管控、监测督察、绩效考核、协同共治的长效机制，加强区域之间融合性，落实农业生产、生态空间、城镇发展共存的国土空间开发保护格局。

三、划定步骤

（一）明确三线划定规则

优先保障粮食安全，按照永久基本农田、生态保护红线、城镇开发边界的先后顺序落实三条控制线的划定。

1. 全面清理永久基本农田划定不实

永久基本农田内必须是现状耕地，应严格按照永久基本农田划定标准，对既有永久基本农田中不符合划定要求的非耕地予以调出。在耕地质量评价的基础上，结合农业适宜区评价结果，以 2017 年全域永久基本农田划定成果为基础，与 2020 年度国土变更调查成果进行衔接，剔除 2020 年度国土变更调查成果中的非耕地图斑，难以利用或不宜长期稳定利用的耕地应调出永久基本农田保护区。具体包括退耕还林还草还湖耕地、河湖滩区范围内不稳定耕地、受污染无法复垦耕地、灾毁无法复垦耕地、饮用水源地保护区内耕地。同时，按照“数量不减、布局稳定、质量有提升”原则，在给城镇空间预留一定建设空间的基础上，原永久基本农田范围外、集中连片可长期稳定利用耕地，优先用于永久基本农田补足。将符合要求的优质耕地补划为永久基本农田，形成永久基本农田试划底图（图 6－1）。

2. 优化调整生态保护红线范围

以生态适宜区评价结果为基础，将自然保护区等自然保护地，以及饮用水水源保护区等对自然生态系统起重要生态功能作用的地块划入生态保护红线，为保证生态屏障功能的完整性，需对破碎且无意义的图斑进行分类处理，面积小于 $1km^2$ 的独立图斑，若为重要物种栖息地或其他重要生态保护地、有保护意义的实体予以保留，破碎且无保护意义图斑调出红线[91]，得出调整后的生态保护红线范围（图 6－2）。

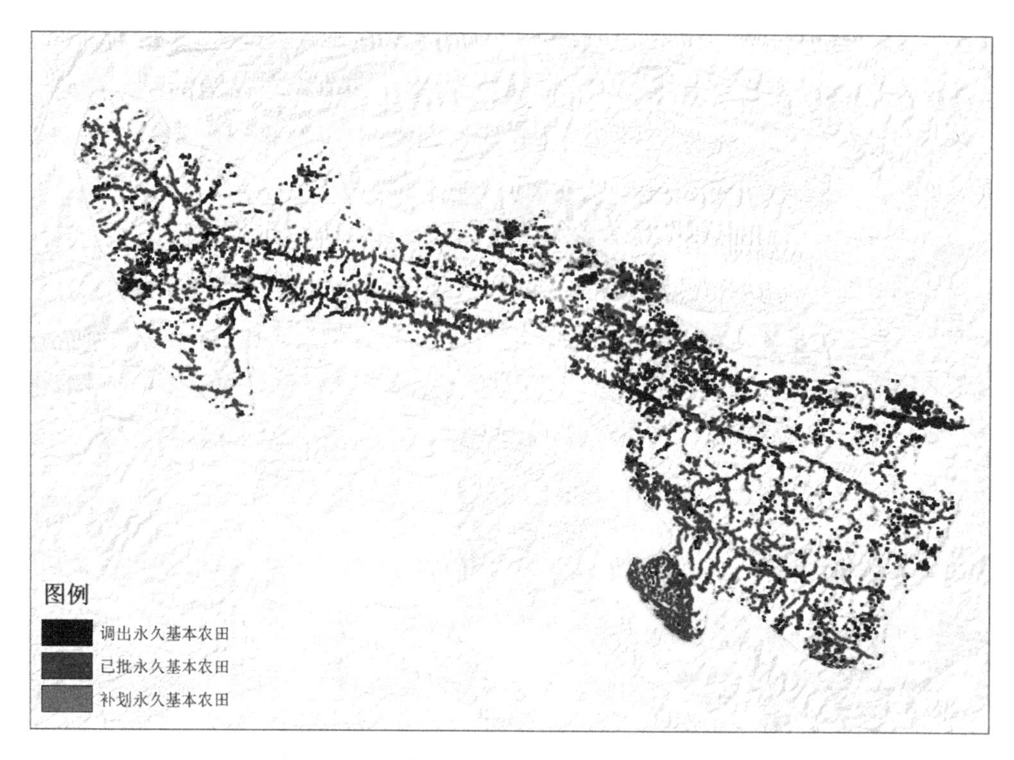

图 6 - 1　永久基本农田初步划定示意图

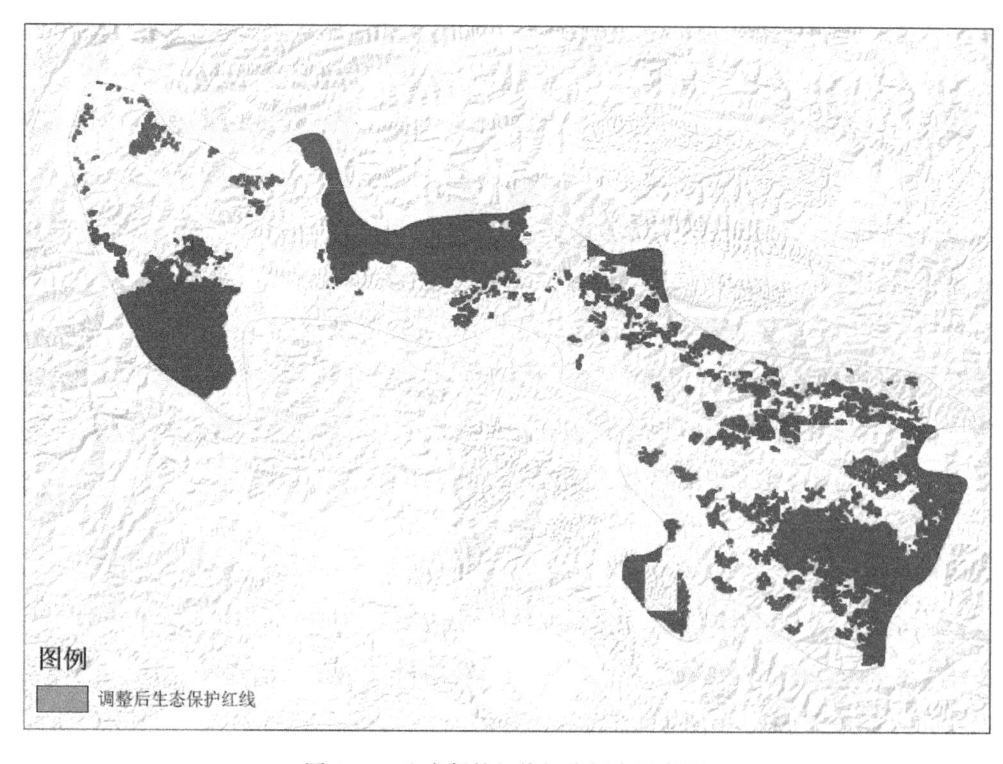

图 6 - 2　生态保护红线初步划定示意图

3. 初步划定城镇开发边界

以城镇建设适宜性评价结论为依据，城镇开发边界尽量位于城镇建设高适宜区范围内并主动避让永久基本农田、生态保护红线、确定发展容量，结合人口预测、用地用水需求量分析以及经济发展规模、项目建设情况、历年建设用地下降趋势，测算未来城镇空间规模。

结合城镇发展定位和空间格局，将规划集中连片、规模较大、形态规整的地域确定为城镇集中区；将对城镇功能和空间格局有重要影响、与城镇空间联系密切的山体、河湖水系、生态湿地、风景游憩空间、防护隔离空间等地域空间划入特别用途区；按照规模适度、设施支撑可行的要求，充分衔接城镇集中建设区，合理划定城镇弹性发展区（图 6－3）。

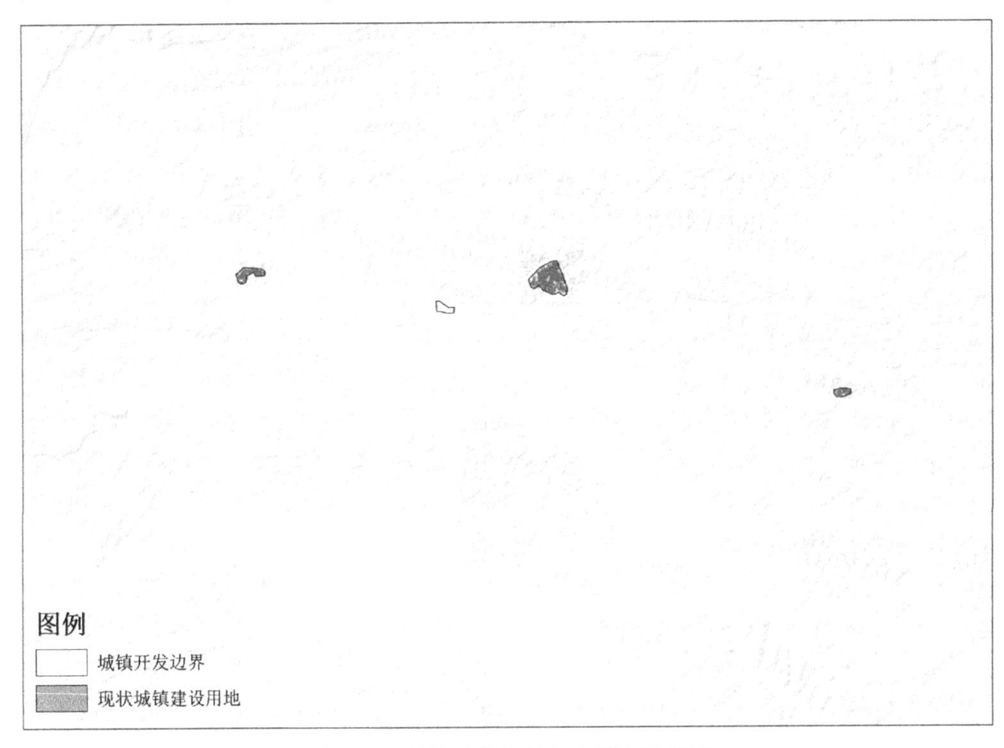

图 6－3　城镇开发边界初步划定示意图

（二）统筹协调生态、农业、城镇三类矛盾空间

1. 分类处理生态保护红线内的永久基本农田

位于生态保护红线内自然保护地核心区的永久基本农田，应按照生态优先原则，调出永久基本农田；位于自然保护地一般控制区的永久基本农田，在永久基本农田保护任务无法满足时，可在确保对生态功能不造成明显影响的前提下，保留永久基本农田，局部调整生态保护红线。为保障城镇的合理发展，调出城镇开发边界内“开天窗”永久基本农田。

2. 合理协调城镇开发边界与永久基本农田交叉重叠问题

按照节约集约、绿色发展要求，城镇开发边界划定时，应尽量考虑不占或少占耕地，确保集中连片优质耕地应划尽划入永久基本农田保护区。对于城镇开发边界内已形成碎片化的零星分散耕地，不再划入永久基本农田保护区，尽量保持城镇开发边界形态的完整性。

3. 明确生态保护红线概念内涵划分城市管理事权

按照《生态保护红线管理办法（试行)》（征求意见稿)，对位于生态保护红线一般控制区内的建设用地，需要限制人为活动，建立正面活动清单，管理较为严格。因此，为避免造成城市管理的混乱，城市内部的城市公园、公园绿地、防护绿地等，都应按建设用地管理要求，划出生态保护红线区。

位于自然保护地核心区内的建设用地应保留并逐渐引导其退出，一般控制区内的建设用地也应保留并限制人为活动，不可随意扩大建设用地范围。将自然保护地内对生态功能、生态系统完整性和连通性、生态保护红线格局有明显影响的永久基本农田调出（图 6-4、图 6-5)。

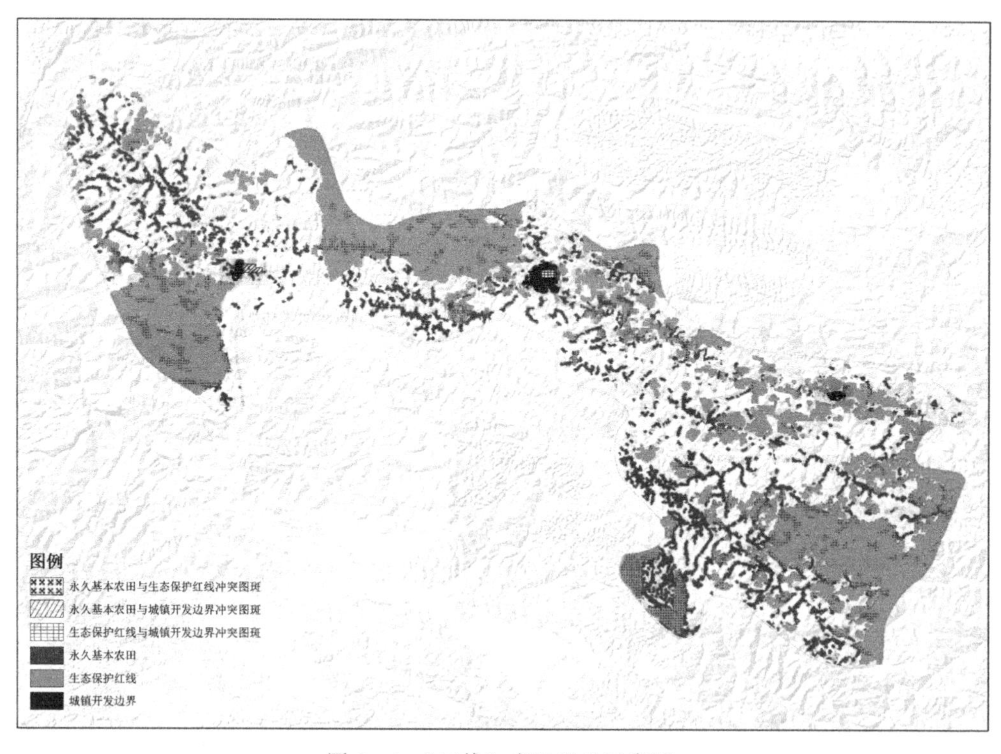

图 6-4 “三线”交叉重叠示意图

（三）统筹划定生态、农业、城镇三类空间

通过统筹“三线”布局，消除了城镇开发边界内破碎天窗、城市事权范围内与建设用地管理事权冲突的生态保护红线图斑，同时，生态保护红线内影响生态系

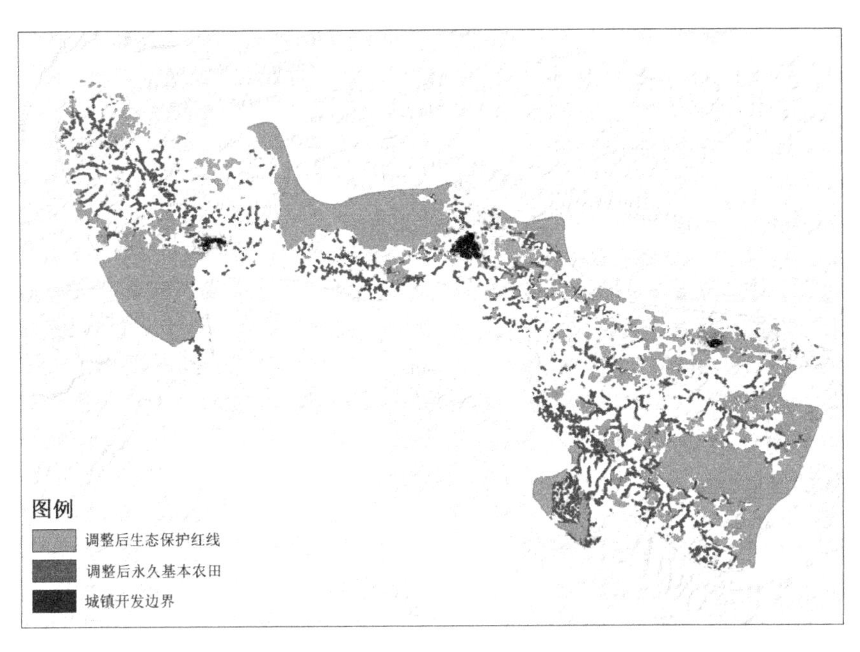

图 6－5　“三线”优化调整示意图

统功能的永久基本农田也被调出。在“三线”调整优化的基础上，拓展划定城镇、农业、生态空间。生态空间主要包括生态保护红线、河流水系、湿地及公益林等生态要素；农业空间包括永久基本农田、一般耕地、园地、草地等其他农用地；城镇空间需扣除村庄建设用地，划入区域基础设施等建设用地。划定后，三大空间布局实现更优化的资源配置（图 6－6）。

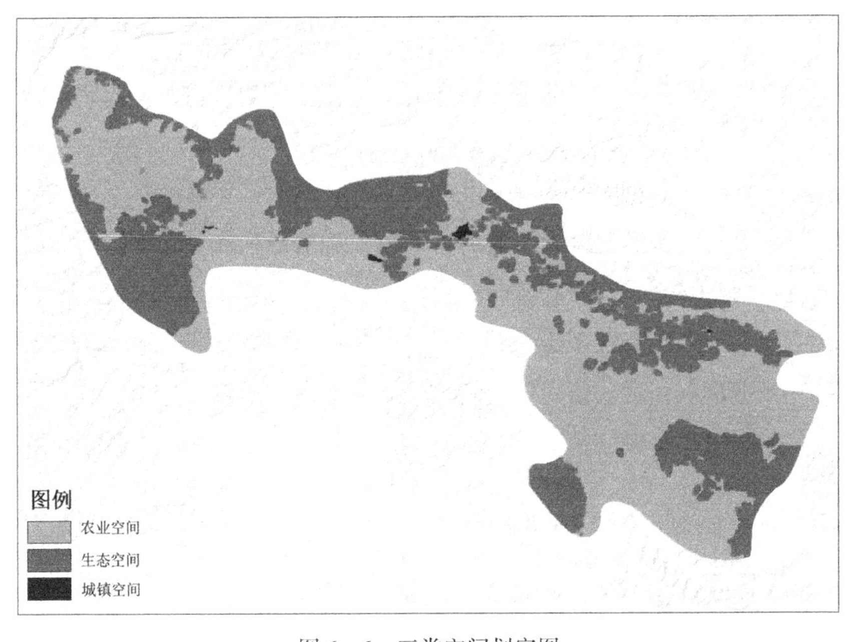

图 6－6　三类空间划定图

第二节　三类空间划定及管控优化建议

一、空间划定应在提升综合效益的前提下，留好灵活调整余地

“科学有序”是《关于在国土空间规划中统筹划定落实三条控制线的指导意见》对于如何划定三类空间的核心规则，但在严守底线、不交叉不重叠及协调边界矛盾的方式是否就意味着科学有序要画上一个问号，严守底线不等于机械死守，不交叉不重叠也应仔细研究实际的调整空间。

（一）应该遵循总体价值提升的方向

回看第一章关于空间价值综合效益的论断，可以看出机械的严守底线对于综合效益的价值提升有可能是有害的，因为三调数据呈现出的问题正是过去不符合生态文明价值观的发展模式所引发，旧的病症不去除，想在旧的构架中优化出效益更高的空间结构无疑是个伪命题。通过情景模拟，严格以双评价的结果为依据，筛选出最佳基础方案应该是三类空间划定的第一步。

（二）应给主体功能区留足结构优化空间

在意见及后续规则的引导下，目前全国三类空间划定不分差异遵循一样的规则调整存在对区域发展差异重视不足的问题，虽然我国城市化率已经超过 60%，但各地实际水平相差很大。仅就广西来讲城镇化率最高的柳州已经超过 70%，但崇左市仅 40%，而个别县区仅不足 20%，各地的发展诉求及发展方式差异很大，局限于现状完全无优化空间的应该在主体功能区总体导向下，在总目标完成的前提下允许结构优化。

（三）交叉重叠应适当允许

三类空间是对主体功能区划思想的有效落实，虽说三条控制线是刚性约束，但实地空间并不等于图面空间，在实际的生产生活中，生态红线、永久基本农田、城市开发边界互相交叉是有很多历史原因的，即使在图面上互不交叉，在实地情况中往往会因用地的权属问题、边界划分问题等难以管控，所以在相当的时间内还应允许稍有交叉。

二、空间管控应在提升综合效率的导向下，增加智慧技术应用

（一）应用 3S 集成技术加强动态监测

运用 RS、ArcGIS 和 GPS 相结合的手段，对一个国家或地区土地利用状况的动

态变化进行定期或不定期的监视和测定。它是基于同一区域不同年份的图像间存在着光谱特征差异的原理，来识别土地利用状态或现象变化的过程。其本质是对图像系列时域效果进行量化，通过量化多时相遥感图像空间域、时间域、光谱域的耦合特征，来获得土地利用变化的类型、位置和数量等内容。其目的在于及时、准确掌握土地利用状况（数量、质量、效益等），为政府决策、为各级土地管理部门制定管理政策和落实各项管理措施提供科学依据，主要内容包括土地利用及变化的类型（定性）、数量（定量）、空间位置或区域（定位）以及与土地利用相关的环境要素变化。

（二）应用大数据与多智能体模型耦合法加强决策辅助

构建空间辅助决策支持系统，该系统以城市规划空间地理信息数据为基础（包括现状数据、规划数据、法规数据），以规划设计方案数据（设计数据）为对象，同时建立完备、科学的决策模型库，在进行空间辅助决策业务的工作中，根据工作的需要提取特定决策模型，利用 ArcGIS 的空间分析、海量数据检索得到决策分析结果，供决策者参考。同时，可以利用三维景观技术真实模拟实际场景，为决策者提供更为逼真的决策效果。

（三）应用批量处理技术提升数据处理效率

将不同数据来源、尺度、时空、储存格式以及坐标系下的海量数据集合整理到同一个数据平台中，利用 ArcGIS、Python 等数据处理工具对国土规划多源数据进行统一管理与数据分享，有效提升数据的管理水平以及利用效率。

首先，获取手机信令、微博签到、微信热力及公交刷卡等反映居民活动位置及活动轨迹的大数据；其次，利用强度公式（活动总量与建成区面积的比值）分别计算中心城区与周边居民活动强度及等级，利用核密度分析工具判别中心城区与周边区域居民活动的邻近性（活动越邻近，越有机会进行同城化发展），利用社会网络分析方法可视化中心城区与周边区域的居民活动联系，找出联系最为紧密区域；最后，利用聚类法分别将三种活动指标值进行分层并赋权重，重新打分，在各城市综合得分基础上进一步聚类分层，进而得到城市发展边界范围。

（四）应用逻辑回归模型（LR）、人工神经网络（ANN）及加强情景模拟

情景模拟技术是基于城市自身发展规律和不同情景下各类约束条件的变化对城市空间增长进行的模拟和预测，反映的是城市在历史规律和特定规则作用下空间演化的内在机制。模拟过程首先需要收集某城市多时期的历史用地数据，然后通过约束条件的研究确定各类引导性、限制性因素和模型数据，通过机器学习算法对 CA（元胞自动机）等情景模拟模型进行训练，并将模拟结果与历史用地数据进行精度验证，不断优化模型参数并在不同情景下对未来城市用地进行模拟预测。

（五）应用极值法、主成分分析法和权重法等加强效能分析

依据生态保护红线管控要求，将生态状况评估与管理评估相结合，围绕生态保护红线“一条红线管控重要生态空间，确保生态功能不降低、面积不减少、性质不改变、管理不弱化”的目标要求，构建生态保护红线保护成效评估指标体系，进而叠加多元数据开展时序对比分析，评估生态保护红线评估期与基期前后的生态状况和管理能力变化，综合分析生态保护红线的整体保护成效，为优化生态保护红线布局、安排区域生态保护补偿资金、实行领导干部生态环境损害责任追究制及开展生态保护修复等提供依据。

第三节　国土空间规划与用途管制衔接的延伸思考

土地用途管制是我国空间管控的主要手段。在高质量发展背景下现行的土地管制措施是否能满足三线管控的要求，应该如何改善是本节重点要探讨的问题。

一、高质量发展背景下管制的困境

（一）管制思路重刚轻弹难以适应现实需求

目前我国土地管制均以刚性管控为主导思路，耕地保护尤其基本农田遵循质量不降低、数量不减少、占补平衡的大逻辑，主要通过上级对下级监督总量及空间为手段。这种思路对耕地保护的成本考虑较少，甚至理所当然地认为应由农民承担。但在种粮收入与农民非农收入相比差距甚大，农民收入依然较低的乡村地区，这一举措实施的成效恐怕要大打折扣。撂荒增加、耕地非粮化问题频发除了执行因素，刚性管控举措缺少弹性也是主要原因。而建设用地的空间以“控制性详规+用地许可”为主要手段，但在增量空间不大，盘活存量成为主要任务的当下，这种蓝图式的控制方式也亟需改变，无论控制性详细规划的弹性还是用地许可模式的弹性，均难以适应动态变化多、不确定性与日俱增的各种要求。

（二）管制内容重宏轻微难以达成理想效果

目前我国土地用途管制，主要对耕地保有量、基本农田面积、新增建设用地总量、建设用地规模等总量指标进行层层分解，到了地方互相之间能否形成好的协同考量不足，或者放权不够。用地转换上重在非农转建设用地，但建设用地、农用地、其他用地之间以及各类用地内部如何转换均缺少规定。同时，在用地许可上类型较为粗放，用地权益转换、分配的差异化设计较少。

（三）管制程序重控轻导难以形成正向反馈

在程序上主要呈现对违反行为的处罚，主要类型多为事后的处分。但对处罚是否合理以及事前如何引导方面较为欠缺，处罚救济程序不健全，激励引导合理利用的手段不足均导致处罚多为就事论事，同类问题屡禁不止。

二、造成困境的成因思考

三线管控作为土地用途管制的重要内容，从国土空间规划编制工作启动以来印发的文件看，整体思路依然贯穿了自上而下、以上督下的工作理念，从指标确定、规则的制定与执行要求上均可看出一以贯之的刚性风格，政府与市场、刚性与弹性的关系问题仍缺乏措施支撑，这与高水平现代化治理体系的塑造依然存在不小差距。而从理念、技术、手段上分析，可以窥探一些背后的原因。

（一）理念上平衡不足

土地系统本身是一个大系统，土地利用无疑也是一项系统工程，合理利用每一寸土地应是土地用途管制的终极目标。那合理的标准是什么？当下执行的严控理念是否符合这个标准？就执行效果看可能是否定的。在我国人口众多、人均资源不足的前提下，这个合理似乎应该是耕地总量控制总目标下农作物种植结构、建设用地类型、生态类型空间的综合平衡。从平衡角度看目前存在几大矛盾，就农作物种植来说，存在强调基本农田种植粮食作物但种植粮食无法满足农民生存需要的矛盾。就建设用地类型来说，存量建设用地低效闲置与项目需求无法满足的现象较为突出。就生态类型空间来看，保护区的严格保护与原住民发展需求难以匹配问题也较难解决。在这些矛盾面前，增强规则的弹性，寻找保护规则与发展需求匹配空隙将是重点方向。

（二）技术上仍存缺漏

从非农化、非粮化、城镇开发边界管控细则及加强生态红线管理等文件要求中可以看出，当下的三线管控重点依然在基本农田、耕地占补、新增建设用地规模、生态红线内保护空间开发活动及新增用地的限制，对农用地之间的转换、存量建设用地盘活及不同类型用地兼容、生态红线发展与保护的协调涉及不足，但这些内容恰恰是存量发展时期的需求重点，这些规则方面的空缺正是各级“国土空间规划”批准实施后继续加强研究的关键技术。

（三）程序上路径依赖

虽然遥感技术、数字化及网络技术的发展，促成了我国土地用途管制信息化水平大幅提升，但从程序上看，依然是政府重于市场，控制重于协商，在这种程序的规制下治理工作的压力也机械性重于灵活性。如审批程序，基本农田占用的审批要到国务院，既然规则明确、技术先进，那为何不能智能化设计？是否高质量的信任机制尚未建立？城市开发边界调整优化同样存在这样的问题。同时，建设用地类型的转换中，是否可增设协商制度？政府备案即可？当然这里也仅示例，实际情况涉及产权、权利、权益等的转换重组，要更为复杂。

三、破解的困境的方向

若将“土地用途管制”的功能界定为“央—地”“政府—市场”之间规划权与发展权的平衡枢纽，其目标界定为“土地资源”实现高质量配置的话，那破解几个困境的方向就是双向发力，刚弹结合，以利于规划实施为指引，推动国土空间规划实现“全周期”“全要素”“全类型”的三全实施方案。

首先，要构建全周期实施方案。诚然，宏观管制目标的提出是底线设定的必然要求，但这一目标的实现则很有必要以时间换空间的手段来实现。因为规划毕竟是蓝图式的方案，对土地用途附着的产权、权益、增值分配等方面考虑甚少，在现状与规划方案实施的过程中，要有大量的实际工作处理才能把蓝图变为现实，即使变为现实依然要考虑运营方案、空间调整等，在这一过程中规划方案的动态调整也不可避免，从现状到落地，从落地到运营成功，空间的作用愈来愈大，实施方案从蓝图任务调整为动态行动。

其次，要出台全要素的技术规则。土地用途管制除涉及总量控制外，存量发展时代更多会涉及各类用地的细类转化，若缺少必要的规则，管制的不确定性将会对各类主体的发展活动造成较大的限制，各类农用地的转换规则、各类建设用地兼容规则、生态空间的包容度以及跨区域的交易规则等均需要加快完善，要素内部转换可以极大激发地方发展活力，区域间要素转移可以极大激发全国大市场活力，只有全要素的管制细则出台，空间规划才能成为高质量发展的有力保障。

最后，要制定全类型的分级清单。土地用途管制严苛程度与开发深度应该有对应关系，针对不同状况是禁止开发还是审批开发还是许可开发，在实际规划实施中应进行程度的区分，更利于提升审批的效率，用“清单制”来补充“许可制”可以有效协调利益相关方充分参与规划实施的过程，同时也是减轻政府协调工作压力的有效手段。

参考文献

[1] 杨欣，赵万民．基于空间哲学视角的山水文化体系解释架构［J］．城市规划，2016，40（11）：78－86.

[2] 詹和平．空间［M］．南京：东南大学出版社，2011.

[3] 王晓磊．论西方哲学空间概念的双重演进逻辑——从亚里士多德到海德格尔［J］．北京理工大学学报（社会科学版），2010，12（2）：113－119.

[4] 黄军林，陈锦富．空间治理之“道”：源自老子哲学的启示［J］．城市规划，2017，41（4）：22－26，48.

[5] 张华．列斐伏尔空间哲学思想溯因［J］．燕山大学学报（哲学社会科学版），2015，16（2）：56－59，64.

[6] 孙施文．现代城市规划理论［M］．北京：中国建筑工业出版社，2007.

[7] 李翔，杨哲．后现代空间哲学对中国城乡空间发展的启示［A］//中国城市规划学会. 共享与品质——2018 中国城市规划年会论文集．北京：中国建筑工业出版社，2018：165－172.

[8] 高春花．城市空间的哲学阐释［J］．石家庄学院学报，2014，16（2）：5－8，30.

[9] 庄友刚．城市哲学建构的当代基础与理论进路——基于空间生产的视角［J］．苏州大学学报（哲学社会科学版），2015，36（5）：33－38.

[10] 韩婷婷．马克思主义城市空间哲学视域下的中国城市空间问题研究［D］．福州：福建师范大学，2014.

[11] 陈良斌．空间哲学视域下中国道路的样本意蕴及其想象力［J］．湖南师范大学社会科学学报，2017，46（4）：26－30.

[12] 孙全胜．空间哲学的历史沿革［J］．中共宁波市委党校学报，2016，38（2）：36－46.

[13] 李东泉，周一星．从近代青岛城市规划的发展论中国现代城市规划思想形成的历史基础［J］．城市规划学刊，2005（4）：45－52.

[14] 许皓，李百浩．从欧美到苏联的范式转换——关于中国现代城市规划源头的考察与启示［J］．国际城市规划，2019，34（5）：1－8.

[15] 邹德慈．中国现代城市规划发展和展望［J］．城市，2002（4）：3－7.

[16] 胡淑婷．市县“多规合一”试点实践探索与改革思考［J］．住宅与房地产，2017（12）：16.

[17] 刘贵利．“多规合一”试点工作的多方案比较分析［J］．建设科技，2015（16）：42－44.

[18] 何冬华．空间规划体系中的宏观治理与地方发展的对话——来自国家四部委“多规合一”试点的案例启示［J］．规划师，2017，33（2）：12－18.

[19] 陆大道，樊杰，刘卫东，等．中国地域空间、功能及其发展［M］．北京：中国大地出版

社，2011.

[20] 盛科荣，樊杰，杨昊昌．现代地域功能理论及应用研究进展与展望［J］．经济地理，2016，36（12）：1-7.

[21] 盛科荣，樊杰．地域功能的生成机理：基于人地关系地域系统理论的解析［J］．经济地理，2018，38（5）：11-19.

[22] 周麟，田莉，梁鹤年，范晨璟．基于复杂适应性系统“涌现”的“城市人”理论拓展［J］．城市与区域规划研究，2018，10（4）：126-137.

[23] 王晨跃，叶裕民，范梦雪．论城镇开发边界划定与管理的三大关系——基于“城市人”理论的理念辨析［J］．城市规划学刊，2021（1）：28-35.

[24] 李双成，王珏，朱文博，张津，刘娅，高阳，王阳，李琰．基于空间与区域视角的生态系统服务地理学框架［J］．地理学报，2014，69（11）：1628-1639.

[25] 李睿倩，李永富，胡恒．生态系统服务对国土空间规划体系的理论与实践支撑［J］．地理学报，2020，75（11）：2417-2430.

[26] 王如松，欧阳志云．社会-经济-自然复合生态系统与可持续发展［J］．中国科学院院刊，2012，27（3）：254，337-345，403-404.

[27] 陆学．高质量发展的三种转向及其对国土空间规划的启示［A］//中国城市规划学会．面向高质量发展的空间治理——2020中国城市规划年会论文集（11城乡治理与政策研究）．北京：中国建筑工业出版社，2021：11.

[28] 吴殿廷，张文新，王彬．国土空间规划的现实困境与突破路径［J］．地球科学进展，2021，36（3）：223-232.

[29] 谭雪平．浅析国土空间规划中“双评价”体系的联动性——基于德国战略环境评价的分析借鉴［A］//中国城市规划学会．面向高质量发展的空间治理——2021中国城市规划年会论文集（13规划实施与管理）．北京：中国建筑工业出版社，2021：8.

[30] 李强，肖劲松，杨开忠．论生态文明时代国土空间规划理论体系［J］．城市发展研究，2021，28（6）：41-49.

[31] 张年国，王娜，殷健．国土空间规划“三条控制线”划定的沈阳实践与优化探索［J］．自然资源学报，2019，34（10）：2175-2185.

[32] 易丹，赵小敏，郭熙，韩逸，江叶枫，赖夏华，黄心怡．江西省“三线冲突”空间特征及其强度影响因素［J］．自然资源学报，2020，35（10）：2428-2443.

[33] 宋立娟，梅媛．当前我国农村种粮效益的低迷现象及其对策［J］．农业经济，2016（9）：13-15.

[34] 林晓雪．改革开放后我国耕地保护政策的演变及分析［D］．广州：华南理工大学，2014.

[35] 杨绪红，金晓斌，郭贝贝，窦洪桥，赵新新，周寅康．基本农田调整划定方案合理性评价研究——以广东省龙门县为例［J］．自然资源学报，2014，29（2）：265-274.

[36] 董秀茹，尤明英，王秋兵．基于土地评价的基本农田划定方法［J］．农业工程学报，2011，2（74）：336-339.

[37] 申杨，龚健，叶菁，王卫雯，陶荣．基于“双评价”的永久基本农田划定研究——以黄石市为例［J］．中国土地科学，2021，35（7）：27-36.

[38] 陈燕丽，卢静静．县级永久基本农田保护红线划定方法探讨——以田林县为例［J］．南方国土资源，2019（7）：59－62.

[39] 李赓，吴次芳，曹顺爱．划定基本农田指标体系的研究［J］．农机化研究，2006（8）：46－48.

[40] 吕晓男，陆允甫．浙江低丘红壤肥力数值化综合评价研究［J］．土壤通报，2000，31（3）：107－110.

[41] 李团胜，赵丹，石玉琼．基于土地评价与立地评估的泾阳县耕地定级［J］．农业工程学报，2010，26（5）：325－329.

[42] 钱凤魁，王秋兵，边振兴，等．凌源市耕地质量评价与立地条件分析［J］．农业工程学报，2011，27（11）：325－329.

[43] 钱凤魁，王秋兵．基于农用地分等和 LESA 方法的基本农田划定［J］．水土保持研究，2011，18（2）：251－255.

[44] 钱凤魁，王秋兵，边振兴，董秀茹．永久基本农田划定和保护理论探讨［J］．中国农业资源与区划，2013，34（3）：22－27.

[45] 林霖．温州市耕地时空演变与永久基本农田空间优化及管制研究［D］．杭州：浙江大学，2018.

[46] 王云，周忠学，郭钟哲．都市农业景观破碎化过程对生态系统服务价值的影响——以西安市为例［J］．地理研究，2014，33（6）：1097－1105.

[47] 谢高地，鲁春霞，冷允法，郑度，李双成．青藏高原生态资产的价值评估［J］．自然资源学报，2003（2）：189－196.

[48] 唐秀美，陈百明，路庆斌，韩芳．生态系统服务价值的生态区位修正方法——以北京市为例［J］．生态学报，2010，30（13）：3526－3535.

[49] 俞孔坚，王志芳，黄国平．论乡土景观及其对现代景观设计的意义［J］．华中建筑，2005（4）：123－126.

[50] 俞孔坚．生物保护的景观生态安全格局［J］．生态学报，1999（1）：10－17.

[51] 蒙吉军，王雅，王晓东，周朕，孙宁．基于最小累积阻力模型的贵阳市景观生态安全格局构建［J］．长江流域资源与环境，2016，25（7）：1052－1061.

[52] 王瑶，宫辉力，李小娟．基于最小累计阻力模型的景观通达性分析［J］．地理空间信息，2007（4）：45－47.

[53] 魏玉强，程倩雯，单金霞，黄秋昊．快速城镇化大都市边缘地区耕地红线划定研究［J］．水土保持研究，2016，23（1）：80－85.

[54] 俞孔坚，王思思，李迪华，李春波．北京市生态安全格局及城市增长预景［J］．生态学报，2009，29（3）：1189－1204.

[55] 范树平，程久苗，项思可．基于三维魔方的芜湖市域主体功能区划研究［J］．亚热带资源与环境学报，2011，6（2）：66－74.

[56] 邵乐奇，任士伟．强化三个“管控”守牢嘉善耕地“红线”［J］．浙江国土资源，2021（4）：49－50.

[57] 张佳，赵华甫，耿兴旺．京津冀地区永久基本农田管理探讨［J］．中国土地，2018（1）：25－27.

[58] 林坚，乔治洋，叶子君. 城市开发边界的“划”与“用”——我国14个大城市开发边界划定试点进展分析与思考［J］. 城市规划学刊，2017（2）：37－43.
[59] 朱一中，王韬，杨莹. 城市开发边界管理：概念、方法与应用［J］. 国土资源科技管理，2019，36（2）：59－73.
[60] 周洋. 基于城市扩展模拟的城市开发边界划定方法研究［D］. 南京：南京师范大学，2017.
[61] 胡耀文，张凤. 城镇开发边界划定技术方法及差异研究［J］. 规划师，2020，36（12）：45－50.
[62] 祝仲文，莫滨，谢芙蓉. 基于土地生态适宜性评价的城市空间增长边界划定——以防城港市为例［J］. 规划师，2009，25（11）：40－44.
[63] 王玉国，尹小玲，李贵才. 基于土地生态适宜性评价的城市空间增长边界划定——以深汕特别合作区为例［J］. 城市发展研究，2012，19（11）：76－82.
[64] 汤鹏. 基于生态安全格局理论的城市开发边界划定［A］//中国城市规划学会. 持续发展理性规划——2017中国城市规划年会论文集（08城市生态规划）. 北京：中国建筑工业出版社，2017：272－284.
[65] 丛佃敏，赵书河，于涛，陈诚，王小标. 综合生态安全格局构建与城市扩张模拟的城市增长边界划定——以天水市规划区（2015—2030年）为例［J］. 自然资源学报，2018，33（1）：14－26.
[66] 周锐，王新军，苏海龙，钱欣，孙冰. 基于生态安全格局的城市增长边界划定——以平顶山新区为例［J］. 城市规划学刊，2014（4）：57－63.
[67] 匡晓明，魏本胜，王路. 规模与生态增长并举的城市开发边界划定——以东湖国家自主创新示范区为例［J］. 规划师，2016，32（6）：10－15.
[68] 苟爱萍，赵瑾瑾，王江波. 基于CA模型的城市空间规划研究综述［J］. 现代城市研究，2015（8）：26－34.
[69] 李秀全. 基于MCR与CA模型的城市扩张模拟对比分析［D］. 杭州：东华理工大学，2017.
[70] 龙瀛，毛其智，沈振江，杜立群，高占平. 综合约束CA城市模型：规划控制约束及城市增长模拟［J］. 城市规划学刊，2008（6）：83－91.
[71] 龙瀛，韩昊英，毛其智. 利用约束性CA制定城市增长边界［J］. 地理学报，2009，64（8）：999－1008.
[72] 徐昔保. 基于GIS与元胞自动机的城市土地利用动态演化模拟与优化研究［D］. 兰州：兰州大学，2007.
[73] 丛雪萍. 基于大数据的城市实体边界与虚拟边界研究［D］. 沈阳：辽宁师范大学，2017.
[74] 李燕萍，虞虎，王昊，邓羽. 面向大数据时代的城市规划研究响应与应对方略［J］. 城市发展研究，2017，24（10）：1－10.
[75] 张云倩. 扩展潜力——生态约束协调的城市开发边界划定方法研究［D］. 南京：南京大学，2017.
[76] 陈森，李佩娟，张幸颖. 丘陵地区小城镇开发边界划定难点与应对策略研究——以古田县

为例［A］//中国城市规划学会．面向高质量发展的空间治理——2021 中国城市规划年会论文集（20 总体规划）．北京：中国建筑工业出版社，2021：434－440.

［77］常慧琳．市级区域生态保护红线划定研究［D］．太原：太原理工大学，2017.

［78］张令．环境红线相关问题研究［J］．现代农业科技，2013（11）：247，249.

［79］中华人民共和国环境保护部．国家生态保护红线——生态功能基线划定技术指南（试行）［S］．2014.

［80］中华人民共和国环境保护部，国家发展改革委．生态保护红线划定指南［S］．2017.

［81］饶胜，张强，牟雪洁．划定生态红线创新生态系统管理［J］．环境经济，2012（6）：57－60.

［82］万军，于雷，张培培，等．城市生态保护红线划定方法与实践［J］．环境保护科学，2015，1：6－11，50.

［83］秦大河，张坤民，牛文元．中国人口资源环境与可持续发展［M］．北京：新华出版社，2011：121.

［84］高吉喜．国家生态保护红线体系建设构想［J］．环境保护，2014，Z1：18－21.

［85］林勇，樊景凤，温泉，等．生态红线划分的理论和技术［J］．生态学报，2016，36（5）：1244－1252.

［86］俞孔坚，李迪华，段铁武．生物多样性保护的景观规划途径［J］．生物多样性，1998（3）：45－52.

［87］Budyko M I. Climate and life［M］．New York：Academic Press，1974.

［88］蒋莉莉，陈克龙，吴成永．生态红线划定研究综述［J］．青海草业，2019，28（1）：24－29.

［89］祁帆，谢海霞，王冠珠．国土空间规划中三条控制线的划定与管理［J］．中国土地，2019（2）：26－29.

［90］贺丹，曹裕涛．国土空间规划“三线”划定实践与优化分析［J］．国土资源科技管理，2020，37（5）：38－47.

后　记

空间边界的划定是一项图件绘制工作，而空间开发与保护是人类为满足自身发展目标而开展的空间利用实践。从合理的图件制作到合理的空间治理需要技术、政策的叠加才能实现。

从功能分区到目前的各种空间边界划定，规划一直以来以空间划定及空间管控为其发挥实效的手段。无论是过去的四线还是新的三线都遵循这一理念。但在不同的发展阶段，不同的边界类型划分、互相的优先选择、管控的严格与否都有着较大的差别。在以增量发展为主转向以存量更新为主的今天，空间边界的调整可能会比划定起着更加重要的作用，也可能会更加复杂。

本书参考了许多国内外研究成果，在此深表谢意。同时，也面向未来提出了诸多思考，但由于水平所限，疏漏与不足之处尚有很多，恳请读者批评指正，以便我们不断修正和更新。